神秘的天外来客 UFO

王子安◎主编

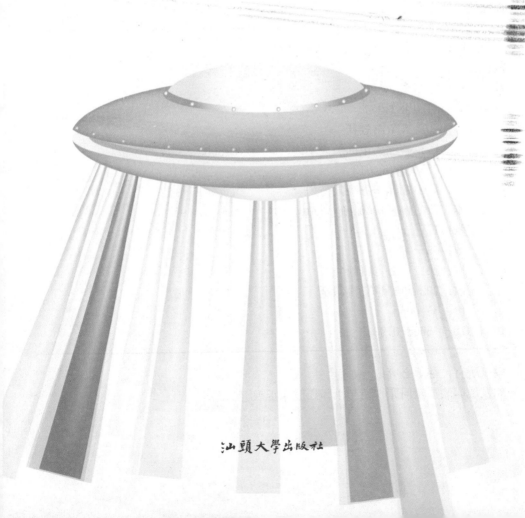

汕头大学出版社

图书在版编目（ＣＩＰ）数据

神秘的天外来客：UFO / 王子安主编. -- 汕头：汕头大学出版社，2012.5（2024.1重印）
ISBN 978-7-5658-0793-0

Ⅰ．①神… Ⅱ．①王… Ⅲ．①飞盘－普及读物 Ⅳ．①V11-49

中国版本图书馆CIP数据核字(2012)第09679

神秘的天外来客：UFO

主　　编：王子安
责任编辑：胡开祥
责任技编：黄东生
封面设计：君阅天下
出版发行：汕头大学出版社
　　　　　广东省汕头市汕头大学内　邮编：515063
电　　话：0754-82904613
印　　刷：唐山楠萍印务有限公司
开　　本：710 mm×1000 mm　1/16
印　　张：12
字　　数：65千字
版　　次：2012年5月第1版
印　　次：2024年1月第2次印刷
定　　价：55.00元
ISBN 978-7-5658-0793-0

前　言

　　这是一部揭示奥秘、展现多彩世界的知识书籍，是一部面向广大青少年的科普读物。这里有几十亿年的生物奇观，有浩淼无垠的太空探索，有引人遐想的史前文明，有绚烂至极的鲜花王国，有动人心魄的考古发现，有令人难解的海底宝藏，有金戈铁马的兵家猎秘，有绚丽多彩的文化奇观，有源远流长的中医百科，有侏罗纪时代的霸者演变，有神秘莫测的天外来客，有千姿百态的动植物猎手，有关乎人生的健康秘籍等，涉足多个领域，勾勒出了趣味横生的"趣味百科"。当人类漫步在既充满生机活力又诡谲神秘的地球时，面对浩瀚的奇观，无穷的变化，惨烈的动荡，或惊诧，或敬畏，或高歌，或搏击，或求索……无数的探寻、奋斗、征战，带来了无数的胜利和失败。生与死，血与火，悲与欢的洗礼，启迪着人类的成长，壮美着人生的绚丽，更使人类艰难执着地走上了无穷无尽的生存、发展、探索之路。仰头苍天的无垠宇宙之谜，俯首脚下的神奇地球之谜，伴随周围的密集生物之谜，令年轻的人类迷茫、感叹、崇拜、思索，力图走出无为，揭示本原，找出那奥秘的钥匙，打开那万象之谜。

　　人类的好奇心超过浩瀚无垠的宇宙，而UFO与外星人则是50年来最具诱惑力的热点之一。幽灵般频繁光顾地球的不明飞行物，真的是星外来客吗？他们光临地球，是为了考察地球还是为了监视人类？UFO的神秘现身和神龙见首不见尾的逸去，这些历史疑案极富传奇与神秘色彩，它们所散发的神秘魅力，像磁石般吸引着人们好奇的目光，并刺激着人们探究其真相的强烈兴趣。

《神秘的天外来客：UFO》一书共四章，第一章是对UFO情况的概述，如UFO历史、分类及研究现状等；第二章介绍了UFO的研究基地；第三章则是世界各国对UFO的研究叙述；第四章则是关于UFO的档案故事，极具趣味。本书以对未知现象的科学探索，对悬疑事件的深度解说，带你乘坐一艘特别的"UFO"追踪不明飞行物的行踪，破解外星人的谜题。

此外，本书为了迎合广大青少年读者的阅读兴趣，还配有相应的图文解说与介绍，再加上简约、独具一格的版式设计，以及多元素色彩的内容编排，使本书的内容更加生动化、更有吸引力，使本来生趣盎然的知识内容变得更加新鲜亮丽，从而提高了读者在阅读时的感官效果。

由于时间仓促，水平有限，错误和疏漏之处在所难免，敬请读者提出宝贵意见。

2012年5月

CONTENTS 目录

第三章 UFO研究

第四章 UFO档案故事

第一章

UFO情况概述

第一章 UFO情况概述

目前，科幻电影层出不穷，还有不少题材相似，但它们还是能够轻易地调动世界上大多数人的兴趣。由此可见，观众对这些看似神奇不可思议的事情抱着极大的兴趣，感到极为好奇，都想看看它们究竟是什么样子。事实上，科幻电影都是人们制作出来的。科幻大片中会有很多设计，经常出现的是UFO及外星人，这些在动画片中

也经常有出现。在影视作品中，UFO形象一般都是圆盘形的飞碟，来去自如；外星人通常是大头、小身子、大眼睛，讲着人们听不懂的语言。外星人给人的印象都是极其聪明的，掌握着人类无法企及的先进技术，而且通常来到地球都是为了入侵地球。虽然这些都是虚幻的人物和情节，但却并非空穴来风。从古至今世界上都一直流传着飞碟的传说，各地也有不计其数的关于飞碟目击事件的记载，甚至还有报道说发现过很多外星人的尸体等。尽管这些传言的真实性一直受到科学家的质疑，但毋庸置疑的是外星人和UFO已经引起了世界上绝大多数人的关注，并且吸引了一大批人对其进行研究。

UFO简介

UFO全称Unidentified Flying Object，中文意思是不明飞行物。不明飞行物是指不明来历、不明空间、不明结构、不明性质，但又漂浮、飞行在空中的物体。一些人相信它是来自其他行星的太空船，还有一些人则认为UFO属于自然现象，不过即使是科学家也无法解释所有的UFO报告。

在"不明飞行物"一词出现以前，英语中只有"飞碟"一词称呼这类物体，但经常造成误解。20世纪40年代开始，美国上空发现碟状飞行物，当时称为"飞碟"，并以为是苏联新式侦察武器。这是当代对不明飞

行物的兴趣的开端。

有人认为，许多不明飞行物实际上是外星人的飞行器，好莱坞亦以此作为主题拍摄过多部科幻电影，但至今尚未发现确实可信的证据。虽然许多不明飞行物照片经专家鉴定为骗局，还有的被认为是球状闪电，但始终有部分发现是现存科学知识无法解释的。

在国际上，未经查明的空中飞行物通称UFO。但其实UFO和飞碟

外星人不是同一个概念，例如你看见一个你无法辨认的空中飞行物，

未经查实，就可以称之为UFO，如果一旦查实，就会将其归类于其他类体。

20世纪以前，较完整的有关UFO的目击报告有350件以上。据目击者报告，不明飞行物外形多呈圆盘状（碟状）、球状和雪茄状。20世纪40年代末起，不明飞行物目击事件急剧增多，引起了科学界的争论。持否定态度的科学家认为很多目击报告不可信，不明飞行物并不存在，只不过是人们的幻觉或是目击者对自然现象的一种曲解。而持肯定态度的科学家则认为不明飞行物是一种真实现象，并且正在被越来越多的事实所证实。到20世纪80年代为止，全世界共有目击报告约10万件。不明飞行物目击事件与目击报告可分为4类：白天目击事件、夜晚目击事件、雷达显像、近距离接触和有关物证。部分目击事件还被拍成了照片，人们对UFO作出了种种解释，

其中有以下几种比较有代表性：

（1）某种还未被充分认识的自然现象或生命现象

如某种未知的天文或大气现象、地震光、大气碟状湍流（一些科学家认为UFO观象是由环境污染诱发的）、地球放电效应；

（2）对已知物体、现象或生命物质的误认

被误认为UFO现象的因素或物体比如行星、恒星、流星、彗星、殒星等；大气现象比如球状闪电、极光、幻日、幻月、爱尔摩火、海市蜃楼、流云、地光；生物如飞鸟蝴蝶群等；生物学因素如人眼中的残留影像、眼睛的缺陷、对海洋湖泊中飞机倒影的错觉等；光学因素如由照相机的内反射、显影的缺陷所造成的照片假像，窗户和眼镜的反光所引起的重叠影像等；雷达假目标如雷达副波、反常折射、散射、多次拆射，如来自电密层或云层的反射或来自高温、高湿度区域的反射等；人造器械如飞机灯光或反射阳光、重返大气层的人造卫星、点火后正在工作的火箭、气球、军事试验飞行器、云层中反射的探照灯光、照明弹、信号弹、信标灯、降落伞、秘密武器等。

（3）特定环境下一些社会群体或个人的幻觉、心理现象及弄虚作假

有人认为UFO可能纯属心理现象，它产生于个人或一群人的大脑。UFO现象常常同人们的精神心理经历交错在一起，在人类大脑未被探知的领域与UFO现象间也许存在某种联系。

（4）地外高度文明的产物

有人认为，有的UFO是外星球的高度文明生命（外星人）制造的航行工具。

（5）外星人的操纵

（6）人们不能自已制造、不能完全认识的智能飞行物或飞行器

UFO历史

中国史书中，很早就记载了"不明飞行物体"或"不明天象"，如《汉书·昭帝本纪》：汉昭帝元平元年，"有流星大如月，众星皆随西行"；《晋书·愍帝纪》：晋愍帝建于二年正月辛未，"辰时，日损于地。又有三日，相承出于西方而东行"；《宋史·天文十》：宋太宗端拱元年闰五月辛亥，"丑时，有星出奎，如半月，北行而没"。

1947年6月24日，美国人肯尼士·阿诺德在华盛顿州雷尼尔山上空架着自用飞机，突然发现有9个白色碟状的不明飞行物体。他向地面塔台喊出："I see flying saucer."（我看见了飞碟。），在美国引起了极大的轰动。

1983年，英国人Colin Andrews发现了麦田圈，并成立"国际圆圈现象研究中心"，从事麦田圈的研究。

1990年底至1999年间，比利时上空多次出现了不明三角形飞行物，这是少数拥有超过1000多人以上目击者的不明飞行物体事件。当

时不止一般民众及警察目击，比利时军方以及北大西洋公约组织的雷达也侦测到这些不明飞行物体的存在，在当时以无线电联络失败以后，比利时空军多次派出F-16战斗机拦截，其间F-16曾成功以机上雷达描定其中一架不明飞行物体，但最终被其以极高速逃脱。

在经过一个多小时追逐后，F-16无功而返。事后比利时军方提交事件报告，史称"比利时不明飞行物体事件"，这也是极少数获得国家军方承认的不明飞行物体事件。

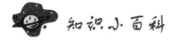
知识小百科

麦田怪圈

麦田怪圈是在麦田或其他农田上，透过某种力量把农作物压平而产生出几何图案。此现象在1970年后开始引起公众注意。目前，有众多麦田圈事件是被他人或者自己揭发，或有人故意制造出来以取乐或者招揽游客。唯麦田圈中的作物"平顺倒塌"方式以及植物茎节点的烧焦痕迹并不是人力压平所能做到，也有麻省理工学院学生试图用自制设备反向复制此一现象但依然

未能达成，至今为止仍然没人能够解释该现象是何种设备或做法能够达到。此点也是外星支持论者的主要物证基础。

UFO分类

迄今为止，世界上并没有UFO分类的相关资料。仅是从外观来区分的话，UFO大致上可分为14类：鸡蛋型、球型、碟型、圆圈型、雪茄型、茶杯型、飞拐型、土星型、半圆型、陀螺型、圆顶型、椭圆型、铁饼型、三角型。这些也只是根据世界上所发生的飞碟目击事件中所叙述的情况归纳的，也并没有实际的证据能够证明。

专门从事这类研究的人，称自己为不明飞行物学家。他们将人

与天外来客的近距离接触分成了五类：

第一类接触，是指近距离目击不明飞行物，但没有留下任何具体的物证。

第二类接触，是除目击不明飞行物之外，还有外星人来访的具体

有形痕迹。引发诸多争议的麦田怪圈可以被归为这类接触。

第三类接触，这是真正意义上的接触，往往是通过心灵感应，与外星人交谈。

第四类接触，这类接触是近距离接触，也就是遭外星人绑架、遭到身体检查等。

第五类接触，这类接触是指从地球上发射飞行器或电磁波，访问可能存在生命的星球。

从很早以前开始，人类就对UFO产生了浓厚的兴趣，并且一代一代的人都为此付出了巨大的努力。但是UFO到底是真实的存在，还是人们的错觉，或是相似的军事武器？到现在也没人能搞清楚。而传说中的那些外星人、不明飞行物等的目击事件，也都因为缺乏强有力的证据而被列入谜题行列。民众对此拥有极

大的热情，但国家政府却往往为了各种不同的目的去推翻所有的猜测，大家各自都持有不同的观点，很多时候谁也说服不了谁。因此，在UFO的存在真实性还有待考证的前提下，任何关于UFO的分类以及其他猜测都显得没有任何意义。

UFO研究现状

现在全世界约有三分之一的国家在开展对不明飞行物的研究，已出版的关于不明飞行物的专著约350余种，各种期刊近百种。世界上较大的研究机构都拥有一批专家参于这项工作，包括天文学家、植物学家、生

物学家、医生和精神病学专家、化学家和物理学家、还有航空、土木、电气、机械和冶金等方面的工程师，以及语言学家、历史学家等等。在美国，一些理工大学甚至已把不明飞行物问

题正式列入博士论文的
选题，一些大学和空军
院校还开设了不明飞行
物课程。中国也建立了
以科技工作者为主体的
民间学术研究团体——
中国UFO研究会。1981
年，在台湾和港、澳地
区均建有类似的飞碟研
究组织。1981年，中
国关于不明飞行物的科
普刊物《飞碟探索》创
刊。

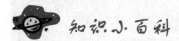
知识小百科

《飞碟探索》

  《飞碟探索》是中国国内唯一的、也是最知名的关于"不明飞行物"的专门杂志。办刊宗旨是探索未知、开阔思路、普及科学知识。在内容上以介绍和刊登国内外有关有不明飞行物（UFO）的各类文章、资料和照片以及研究不明飞行物现象为主，兼顾天文、考古、地球史、宇航、生命科学、历史方面的知识，具有探索性和科学普及性的特点，为求科学知识和科学趣味性的统一。《飞碟探索》本着争论有益的方针，在探索真理的前提下，为探索未知科学领域的各派学者和爱好者提供平等的论争园地，促进了各派学说的互相争鸣和砥砺，推动科学探索事业的发展，启迪读者以全新的角度和全新的思维去探讨地球人类的文明和科学技术发展，激励青少年朋友立志献身于自然科学研究事业。

  自2007年第1期开始，《飞碟探索》杂志启用李政道的题词作为正式刊名。

  目前，《飞碟探索》是全国发行量最大的科普杂志之一，也是全世界发行量最大的UFO杂志。现为月刊发行。主要栏目有：UFO论坛、宇宙探秘、星空瞭望、海外观察、生命溯源、遗址寻踪、目击传真。从2009年起，正式改版，全彩印刷。

关于不明飞行物的争论

自20世纪40年代末起，不明飞行物的目击事件急剧增多，引起了科学界的争论。因为UFO不是一种可以再现的，或

者至少不是经常发生的事物，没有检验的标准，迄今在世界上尚未形成一种绝对权威的看法。持否定态度的科学家认为，很多目击报告不可信，不明飞行物并不存在，只不过是人的幻觉或者目击者对自然现象的一种曲解，可以用天文学、气象学、生物学、心理学、物理学和其他科学知识来加以说明。他们甚

至把飞碟学视为伪科学。持肯定态度的科学家认为，不明飞行物是一种真实观象，正在被越来越多的事实所证实。但许多UFO专家表示，他们并不肯定UFO是外星船。他们认为不应该把相信UFO存在与相信它来自外星的理论混淆起来，因为来自宇宙的假说只是根据其飞行性

能、电磁性质以及目击者的印象解释归纳推断出来的，正确与否尚待查证。也有一部分UFO专家支持"外星说"。一些学者还指出，飞碟现象在许多方面与已知的基本科学规律不符，在解释这种现象时理论上所遇到的困难是它至今未能为现代科学家所承认的主要原因，但不能因此就轻易否定这种现象的存在。

目前世界上99%的UFO都找到了合理的解释，剩下的也不足信，骗局是有的，但也不全是，一部分还是人类的好奇心。

正因为主流科学界对UFO现象有着诸多不同声音，以至于我们经常会听到这样的说法：某某现象科学解释不了，那么就一定是外星人所为。其实对于这样的说法，我们也应该仔细想想：

（1）这种现象是不是真的无法解释？所谓的"无法解释"也可能是骗子编造的谎言。

（2）我们承认世界上还存在着科学还无法解释的问题，然而无

着一个花瓣形轨道飞去。与此同时，它们都是沿顺时针方向旋转的。它们沿各自轨道飞行时又返回原来的椭圆轨道，不久便消失在克拉斯诺阿尔梅斯克南部地区。"

俄罗斯空防部队司令马里采夫空军上将在《工人论坛报》的采访谈话中公开承认，UFO曾不止一次的莅临莫斯科北部，这已成事实，而且它们的飞行路线都是有规律的。

还有传闻说，在俄罗斯至少有3个地方隐藏着UFO：一处是在俄联邦国防部，另两处在俄罗斯宇航局和俄罗斯科学院。实际上，这3处隐藏UFO的绝密机构都受到来自开狼星系"仲湟尔"行星人的控制。这3处飞碟基地的具体位置是：

（1）俄军73790部队，驻扎在日特库尔（俄联邦国防部所在

地）；

（2）位于克拉斯诺阿尔梅斯克的科罗廖夫"能源"科学生产联合体；

（3）位于奥姆期克东郊的"飞行"科学生产联合体。

此外，还有其他一些关于前苏联掌握UFO的零散资料。

◆ 前苏联境内UFO事件

据报道，在前苏联境内曾发生了很多UFO事件，只是这些史实被前苏联和俄罗斯政府隐瞒多年。俄政府隐瞒的目的是要在军事技术上压倒美国，成为世界第一超强国。但他们不知道外星人从外星球来到

地球的目的，如果知道的话，估计会吓死俄国人，也不敢靠近这些外星人。下面我们披露一下目前所知的在前苏联境内的全部UFO事件：

1959年2月21日，从波兰的格丁尼亚运出UFO残骸和来自"仲湟尔"行星身穿宇航服的侏儒外星人。

1963年，在前苏联的哈萨克斯坦加盟共和国至少发生过一起UFO空难事件。

1963年6月末，在奥姆斯克州北部，一架直径10米的双面圆突形飞碟坠毁，它喷射着红黄白三色火焰，舱门敞开着，浓烟从舱室里滚滚冒出。飞碟坠毁后，里面发现几个类人生物，它们长有四肢，而且指（趾）间有蹼……空军用MN-6型军用直升机借助外悬挂运输工具运出，路经科尔帕舍沃飞抵新西伯利亚，然后运抵奥姆斯克，以后便音信皆无。

20世纪70年代，一艘来自天狼星系"仲湟尔"行星的外星飞船在雅库特地区日甘斯克附近的林格坠毁，其残骸被运往莫斯科郊区，外星飞船上的侏儒外星人的尸体被用

军用飞机从雅库特运走，也许是从马加丹运走的。

1974年，一架飞碟在罗斯托夫州的顿湟茨克市附近爆炸，在科米地区发现飞碟残片，经化验分析和确认，该飞碟残片是由铈、镧及其他尚不确知的化学元素组成的合金制造的。它是来自"仲湟尔"行星的外星飞行器。

1978年，在哈萨克斯坦东部地区，军方截获了一架外形很像歼击机的UFO。它因起火燃烧而坠毁，位于它上部那个透明的圆顶盖部份已脱落。该飞碟残骸是用军用直升机悬挂运输工具运走的。前苏联透露，该飞碟的空气动力学性能如此完美，以至它向上仰飞时差点同直升机相撞。

1983年夏，一架UFO在哈萨克斯坦的萨雷沙甘空防部队演习场上空被用"泰拉–3"型激光武器击毁，坠落到塞米巴拉金斯克州北部地区。驻军在坠毁现场发现一名婴儿大小的外星人在密封舱内。"婴儿"被浸泡在足够活3个月的某种"营养液"中，这种营养液人间没有。该飞碟残骸被运往奥姆斯克，而这个来自外星的生物标本——侏儒型"仲湟尔"行星人的尸体被运往距OTP–23"奥卡"导弹基地，即谢米帕拉金斯克东北55千米处的前苏联国防部的一所绝密生物实验室。

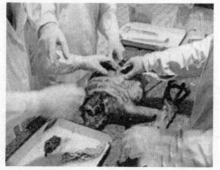

1987年8月末至9月初,前苏联军方在维伯尔格附近获取一架来自"仲湟尔"行星的导弹形老式飞行器,并被运往曼彻戈斯克,作为研究所用。

1987年10月15日,在穆尔曼斯克州科拉半岛里查的西南部地区,击落一架来自"仲湟尔"行星的UFO,其直径为5米,奇怪的是里面没发现任何生物。后来,飞碟被整体运往日特库尔的73790部队加以研究。

1987年夏夜,一架来自"仲湟尔"行星的飞碟在克拉斯诺沃茨克附近的里海上空爆炸,其直径27米,四周喷着红色火焰。

1987年9月16日,在彼尔姆州首府彼尔姆上空发现6架飞碟跟踪并试图击毁第7架飞碟,可那架被追击的"不幸者"来了个不可思议的急转弯,就在这时,彼尔姆整个河港区突然不可思议的大停电。这是什么原因造成的,一直也没有答案。最后那6架飞碟终于击毁了那第7架飞碟,它坠毁在一个原始森林里。军方人员回收了那架坠毁飞碟的残骸,并用船只将其运回日特库尔。

1990年5月28日,苏联军队通过引诱的巧妙方法截获一架来自"仲湟尔"行星的飞碟,它最后坠毁在奥姆斯克附近,飞碟里发现了7具侏儒外星人尸体。

1991年,一架歼击机在喀尔巴阡山——巴尔干地区北部的帕罗赫拉德内附近击毁一架来自"仲湟尔"行星的飞行器,上面发现2具1米高的侏儒外星人的尸体和另一个活着的侏儒外星人。坠毁的飞碟残骸被运往日特库尔。

1991年11月,飞碟之间发生一场空战,一架飞碟击毁另一架飞碟,被击毁的飞碟坠入埃基巴斯图兹市郊。次日,获胜的那架飞碟又回到曾发生空战的地带进行搜索式飞行,它用一种光束沿地面搜寻,正好发现那架被击毁的飞碟侧卧在布拉茨克水电站水库的岸边。

◆ 美国对此的关注

美国飞碟专家格莱甚和坎帕于1994年夏在美国举行的国际UFO与特异现象学术研讨会上的报告透露，他们从俄罗斯成功获取了一份代号为"线索-3"的秘密科研报告。该项秘密研究的宗旨是对"非传统"发动机的工作过程及其对周围环境的相互作用的理论性与实验性研究结果进行观点性论证和预测。

在美国发表的研讨会资料中，只是大概阐述了俄国这项研究报告的主要内容并引用了几张照片复制件，扉页上有主要负责人的签名，以此证明此事不是妄加评论。

新闻界报导了关于美国政府手中掌握着在内华达州耐利斯第51号军事区第4区号实验场坠毁的完整UFO数据的消息后，俄国也不示弱，也放出消息说俄联邦国防部和俄罗斯科学似乎也掌握着完整的UFO及其碎片，它们都完好的保存在一些秘密的飞机库中，并正在接受一些著名科学家的研究。所有人都在关注一个问题：俄国究竟想干什么？

俄军中校科尔欣在《特异报》上所撰的《俄罗斯军方正在研究UFO》一文中写道：在俄军73790部队，展开了对UFO的大规模科学研究，截止1991年，这里的研究报告已达几十页。那个专门从事飞碟研究的军事科研所是由一个军衔不大不小的中将领导的。

这项研究报告毫不隐晦的指出俄国秘密地与外星人合作想干什么，报导说，俄罗斯军事科研所的"线索-3"，还包括过去的"线索-2"，研究计划的主要任务是：对UFO进行广泛研究，旨在发现和搞清非传统发动机及其形成的各种场的最新原理以及这种新技术是怎样研制出来的，以便尽可能的从这些研究结果中汲取地外文明的最新科技优势，并将其尽早用于完善军事技术。

报告中还透露，在对UFO的观测中会出现许多无法解释的现象，因为会同来自外星和人类去不了的地方来的访客进行直接接触。

那外星人为什么要和人类合作呢？有许多报导说妇女在半昏迷状态中被男外星人强奸，男人在无法抵抗中与女外星人苟合，过些日子女外星人还把所生的怪胎送来给他们看。

据《加拿大人》（The Cana-dian）3月27日报导，波多黎哥（Puerto Rico）妇女卡斯亚（Milagros Garcia）宣称她是外星人的后代，其母亲在遭遇外星人强奸后怀孕生下了她。为了证明确有其事，她主动提供自己的DNA做分析。科学家惊奇发现其DNA的确不同于已知的人类DNA。

有人也说曾听到外星人在耳边说："人类的身体结构太完美了！"让他毛骨悚然。据可靠来源，地球没有人类的时候，外星人是这里的主人，当地球一次次被毁灭时，它们就去了其他的星球。现在它们发现人类的身体结构是想都想不出来的合理，所以想与人类交配，留下后代，另一方面它们有能力在人身体里做上一层物质，使人类可以受到它们的操控，最终代替人类。

南极基地

神秘的南极大陆吸引着来自世界各地的科学家们，人们都在等待南极会有奇迹出现。据俄罗斯媒体报道，他们的发现很可能会揭开一个多年待解的谜团——德国纳粹分子当年迁居南极大陆的计划。

◆ "新施瓦本"计划

1938—1939年，德国人曾往南极大陆派出两支强大的探险队，德国空军也参与其中。负责此次行动的里特舍尔大尉亲自向当时的航空部长和空军头子戈林元帅报告，称德国飞机每隔25千米就投下带有纳粹标志的通信筒，还说他们飞遍了几乎860万平方千米的地域，并对其中35万平方千米进行了拍照。德国人把这片仔细考察过的土地称为新施瓦本，并宣布其为未来千年帝国的一个部分。施瓦本曾是中世纪的一个公国，后来曾合并到统一日耳曼国家。

纳粹分子在这方面的积极活动没能逃过苏联情报机关的耳目。1939年1月10日，一份标有"绝密"字样的文献摆放在时任苏联国家安全总局局长弗谢沃洛德·梅尔库洛夫的案头。有情报人员在这份

文献里报告说："……现今有一队德国研究人员正在西藏考察，其中一个小组的考察结果使得他们于1938年12月往南极洲派出了一支科考队，德国人这次考察的目的是想发现隐藏在南极洲毛德皇后地一带冰层下面的所谓圣城。"至于为什么西藏"考察"无果促使德国人把目光转向南极洲，就不得而知了。

有直接的文字材料证明，纳粹分子曾于1940—1943年在南极洲的毛德皇后地建成一些秘密的建筑

物。苏联情报人员所了解到的情况是：德国一些科学家赞同"地球中空学"的观点。据此理论，地球的表层下面存在着广袤的气候温和的绿洲旷地。在德国专家看来，南极洲就存在类似的空旷之地。档案表明，对冰上大陆曾做过考察的德国潜水专家好像1938年在冰层下找到了什么东西。历史学家在研究党卫军的档案文献时，也找到了一些可以说明问题的具体资料。时任德国潜水艇部队司令的海军元帅邓尼茨曾说过一句令人难以捉摸的话："德国潜水舰队引以为豪的是，它在世界的另一端为元首建造了难以攻克的要塞。"希特勒本人在庆祝

新帝国总统府竣工的那次活动中曾说："好呀！如果几天内在这个瓜分得差不多的欧洲还能将一两个国家并入帝国，那南极洲就更不在话下了……"

从这些绝密文献中还能看出，1940年希特勒曾亲自下令在南极洲建两个针对性很强的地下基地，它们既是可靠的避难地，也是研发超先进技术的试验场。有军事历史学家断言，战争最后阶段有不少潜艇曾在德国的基尔港口卸下鱼雷装置，并装上载满各种货物的集装箱，这些潜艇无疑都是在为基地服务。除此之外，潜艇还负责运载成百上千的旅客，他们理所当然成了新施瓦本的居民。

◆ 广泛招聘志愿者

从苏联特工组织锄奸部所保存的档案中可以看出，德国武装力量最高总司令和党卫军最高元首希特勒曾下令在海陆空三军和党卫军部队中选拔派往南极大陆的人选。

从1942年起，德国开始往新施瓦本派遣未来的居民，首先是党卫军综合科学中心的科学家和专家们，再就是纳粹党员中的"纯血统雅利安

人"。然而这个过程并不是一帆风顺，一些志愿者不愿离开帝国和亲人。所以到后来手续大大简化，干脆就在亲人已经亡故的那些人中间去招收，也不解释原因便将他们编入派往新施瓦本的后备部队。

除了培育新一代纯血统雅利安人外，德国科学家在南极洲还有些什么打算呢？有一种说法是，希特勒及其分析研究专家不排除第三帝国有垮台的一天，他们事先得

找到连世界司法机关也鞭长莫及

的一块地，由纯血统的雅利安人种来奠定第四帝国的基础。

此外，希特勒还计划在南极研发超先进技术。在第三帝国的科学档案中，人们发现了一些研究草图，据说通过这些草图能够生产出一些"魔幻装置"，比如后来纳粹分子研制的所谓飞碟。从事可供选择能源研究的专家们都知道，有一种能把重力能变成电能的变流器。据可靠情报，德国1942至1945年间由"西门子"和"AEG"工厂生产的这种变流器都用了在电磁重力发动机里。据说这些变流器不仅在"飞碟"上，也在一些大型潜艇和

地下基地用作能源。美军退伍上校史蒂文斯在回忆录中写道："我们的情报部门已经知道德国人在建造8艘非常大的载货潜艇，它们都下了水，设备相当齐全，可之后就无影无踪地消失了。直到现在我们也说不清楚它们去了何方。它们既不在大洋底部，也没停靠在我们所知道的哪个港口。"美国海军上将理查德·伯德也说过一起1946年发生的奇事：当时美国人往南极派去一支考察队，但据说考察队被一支来历不明的海军击沉，更确切地说，是遭到一些突然冒出水面的"飞碟"袭击。

◆ 最后的避难地

最近这些年来，世界各国都在热衷收集有关新施瓦本的文献。几年前，圣地亚哥的智利国家军事历史档案馆特藏库失窃，著名外交家米格尔·塞拉诺所搜集到的部分文献被盗。这位智利前外交官曾在他1950至1960年间所出版的一系列图书中提出一个观点，认为希特勒并未死掉，而是在毛德皇后地的新施瓦本地区的一个大城市里找到了避难地。

与此同时，苏军锄奸部则掌握希特勒已死的不可辩驳的证据，其主要一点是在帝国总统府院子里找到的那具烧焦尸体上的几颗假牙。纳粹元首的私人牙医指认，那些就是元首的假牙。但是也不能排除，德国强有力的情报机关完全可以上演一出"闹剧"，事先就做好了假牙。所以，不能完全排除希特勒撤出柏林的可能。他藏身南极洲之后，中断了与外界的所有联系。而且，还有证据证明希特勒有不少近臣曾在阿根廷、秘鲁和智利出现，他们都成功地逃过了纽伦堡的审判，躲到了南美洲，不再以纳粹分子的身份受到追捕。

塞拉诺还推算，在纳粹德国的实验室里已研制出新一代的飞行器。他最后几封在媒体上公开发表的写给皮诺切特的信中，还列举了诸多很具说服力的证据，证明纳粹德国的秘密基地不仅战后能保存下来，而且还有所发展。不过更主要的恐怕还是有不少研究工作者都认为，德国的基地可能至今仍然保存着。

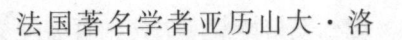

黑色骑士基地

1961年，在巴黎天文台观测站工作的法国学者雅克·瓦莱发现了一颗运行方向与其他卫星相反的"怪异"的地球卫星，这颗来历不明的卫星就被命名为"黑色骑士"。紧接着，世界上的许多天文学家按瓦莱提供的精确数据，也发现了这颗环绕地球逆向旋转的独特卫星。

法国著名学者亚历山大·洛

吉尔认为，"黑色骑士"可以用与众不同的方式绕地球运行，表明它具有能够改变重力的巨大影响力，而这只有作为外星来客的UFO才能做到。他推断这颗被称为"黑色骑士"的奇特卫星可能与UFO有联

系。

1983年1～11月间，美国发射的一颗红外天文卫星在北部天空执行任务时，在猎户座方向两次发现一个神秘莫测的天体。两次观测这个天体时隔6个月，这表明它在空中有相当稳定的轨道。

根据前苏联的卫星和地面站的跟踪显示，这颗卫星体积异常巨大，具有钻石般美丽的外形，而且外围有强磁场保护；内部装有十分先进的探测仪器。它似乎有能力扫描和分析地球上每一样东西，包括所有生物在内。它同时还装有强大的发报设备，可将搜集到的资料传送到遥远的外太空去，极为神秘莫测。

1989年，在瑞士日内瓦召开的一次记者招待会，前苏联的宇航专家莫斯·耶诺华博士向媒体公开了此事。他强调说："这枚卫星是1989年底出现在我们地球轨道上的。经过仔细分析核实表明，它肯定不是来自我们这个地球。"他郑重表示，前苏联将会"出动火箭去调查，希望能把事情查个水落石出。"

此事被披露后，至今世界上已有200多位科学家表示愿意协助美、苏去研究这颗可能是来自外太空某一个星球的人造天体。法国天文学家佐治·米拉博士说："显而易见，这颗卫星'长途跋涉'才来到地球，它的设计也是这样，虽然只是初步估算，但我敢说它至少已制成5万年之久！"

运行在地球轨道上的不仅有完好的外来人造卫星，而且有爆炸后存留的外星太空船残骸。前苏联科学家在60年代初期，首次发现了一个离地球达2000千米的特殊太空残骸。经过多年刻苦研究后，他们才确信那是由于内部爆炸而变成10块碎片的外星太空船的残骸，并向报界宣布了这一消息，引起了世界上的极大关注。

莫斯科大学的著名天体物理学家玻希克教授说，他们使用精密的仪器追踪这10片破损的残骸的轨道，才发现它们原先是一个整体，据推算它们最早是在同一天——1955年12月18日从一个相同的地点分离出来的，显然这是一次强烈的爆炸导致的。

世界顶级的前苏联天体物理研究者克萨耶夫说："其中两个最大片的残骸直径约有30米，人们可以假定这艘太空船至少长60米，宽30米。从残骸上看，它外面有一定数目的小型圆顶，装设望远镜、碟形无线以供通信之用。此外，它还有舷窗供探视使用，其内部设备非常先进。"这位研究者补充说："太空船的体积显示出它有好几层，大概有5层。"

另一位前苏联物理学家埃兹赫查也强调说："我们多年搜集到的所有证据表明，那是因机件故障而爆炸的太空船"。他还说："太空船上极有可能还存在着外星人员的遗骸。"

前苏联科学家的发现已使美国同行产生了浓厚的兴趣。美国核物理学家与宇航专家斯丹顿·费德曼说："如果我们到太空去收集这些残骸，相信我们有能力把它们拼合起来。"

无边神秘的宇宙，给我们带来了太多的猜想，制造了种种的"谜团"。即便是到了科技发达的21世纪，我们的科学家依然不知道这5万年前被发射升空的人造卫星究竟是从何而来的？它幕后主谋又是谁？它来这儿的目的到底又是什么？

沙漠基地

据英国《每日快报》报道，位于美国内华达沙漠中的"51区"是地球上最神秘的地方，这个基地周围经常可以发现一些不明飞行物，民用飞机则禁止飞越"51区"上空。半个世纪来，美军方对"51区"的真相始终守口如瓶，直到后来，几名曾在"51区"工作过的科学家终于破例接受采访，首次向外界披露了"51区"的内幕。

报道中称，72岁的美国"51区"前工程师索恩顿·巴尼斯、87岁的美军前牌飞行员休·斯莱特上校等5名美军研究专家首次打破沉默，披露了发生在"51区"内的种种惊人内幕和鲜为人知的美军"牛车计划"。据称，他们在"51区"的地下掩体中所从事的"飞碟"研

究，主要就是为了打造出一种几乎超出人类想象的高科技间谍飞机。

77岁的前化学专家马丁说："我们在'51区'打造飞碟形状的秘密间谍飞机，我们本来认为自己要将这个秘密带进坟墓。然而，即使说出了某些事实，人们仍会质疑。"

这些专家暗示称，许多美国人和英国人看到的一些被疑为外星飞碟的UFO，其实就是他们在"51区"花费成年累月时间打造出来的"未来派"高科技间谍飞机。

上世纪60年代初，由于经常有目击者看到速度奇快的不明飞行物飞越世界各地的天空，从而引发了蔓延全世界的UFO热。然而，事实上，那些UFO其实就是A-12间谍飞机。A-12间谍飞机是个球状

钛金属体，外形看起来就像是一艘外星飞船。斯莱特上校称，他曾驾驶A-12间谍飞机飞过"51区"上空，它比以前或现在的任何飞机都要飞得更高和更快，这种高科技间谍飞机的飞行速度高达每小时2300英里，比一颗子弹射出后的速度还快！

现年80岁的美军上校肯·科林斯曾在1963年驾驶一艘A-12间谍飞机飞越美国犹他州上空，然而飞机突然发生故障坠落地面，科林斯通过弹射装备侥幸逃生。科林斯称，当他走出弹射装备后，看到3个年轻男人驾驶一辆小货车驶向他的身边，而在那辆小货车上，正装载着坠毁的A-12间谍飞机的驾驶舱盖残骸。科林斯回忆说："直到那时为止，还没有哪一个普通平民见过绝密的A-12间谍飞机。我立即要求他们不要靠近飞机残骸，并谎称飞机残骸中携有一枚核武器。"

90岁的埃德·拉维克是"51区"内的前隐形科技研究人员，他在"51区"内的代号叫"雷达人"，拉维克是美国雷达隐形技术的先驱之一，他以前专门研究如何帮助船只或飞机避开雷达的探测。

拉维克回忆称，他们在"51区"打造的高科技飞行物先进程度几乎超出了人类的想象，拉维克说："我们在绰号'天堂农场'的'51区'内研究一种用液态氢做动力的飞机，我们在那儿从事的工作，远远超出了很多人的想象。"拉维克接着补充说："尽管我从来没有看到过一艘真正的外星UFO。"然而，UFO专家却相信，这些"51区"的前研究人员只是一个庞大机器中的一颗螺丝钉而已，他们不可能知道发生在"51区"内的所有绝密事件，他们甚至不知道隔壁房间中的科学家正在研究什么东西。

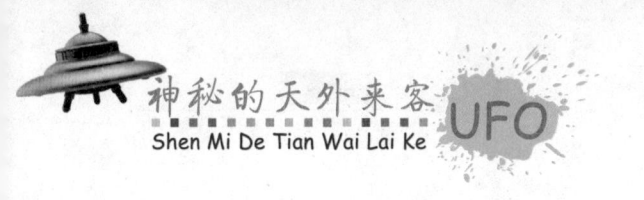
月球基地

据俄罗斯媒体报道称，美国兰利（美国天文学家、物理学家和航空学先驱）研究

中心的科学家们联合了约翰逊航天中心和ILC多佛（ILC Dover）公司的专家们研究一种由多层合成材料制做的充气式太空舱。据悉，这种充气式太空舱将可能成为美国宇航局未来的月球基地。

尽管美国2024年重返月球要使用的月球基地最终方案没有敲定，但这种充气式太空舱有可能成为未来建立月球基地的不错选择。不久前，美国宇航局曾透露称，美国宇航局将于2020年开始载人月球飞行，而且宇航员们还将在月球表面停留一周。据悉，这样的月球探险将进行多次，以后，美国宇航局将把在月球表面进行探险活动的时间逐渐延长：从一周延长至二周，稍后延长至二个月，最终将延长至半

年。

据研究人员称，随着宇航员在月球表面停留时间的不断延长，美国科学家们新开发的这种充气式太空舱将成为未来月球基地不可或缺的营地。由ILC多佛公司开发的月面生活舱原型外形为垂直立式圆柱状，直径3.65米，与另外一个较小的圆柱状气密过渡舱相联接。

专家们称，在月球表面，这样的充气系统舱不仅可以作为临时宿营地，还可以通过填充月球物

质让其成为永久性基地。因为这种充气式太空舱由特殊的合成材料制成，填充月球物质后就能够

保障里面工作和生活的宇航员免受宇宙射线和微型陨石的伤害。

"月球基地计划"是在月球上建立一个空间设施的计划。这是美国于1989年提出的征服宇宙空间"三部曲"（建设"自由"号空间站、建立月球基地、实现载人登火星）的第二部。整个计划蓝图大致为：到2010年，初步建成基地；到2015年，建成用月面岩石和土壤为原料提炼氧气的工厂；到2025年，各种无人操作的月面生产工厂在月球基地上逐步建成。

20世纪90年代初，美国休斯敦航天中心负责人温德尔·门德尔向白宫重提新月球基地计划。科学家认为建立一个月球基地对支持在太空进一步大规模的开发是极其重要的。在巴西的圣卡塔林岛，美国科学家正在为开辟月球基地，进行类如"生物圈2号"的全封闭模拟实验。门德尔

计划的第一阶段从1997年开始，先发射人造卫星，为基地选择最佳地点作勘测。第二阶段从2005年开始，为施工阶段，将向月球运送利用月岩中氧、铝、铁、钛、硅等资源，制取生活用氧，及扩建月球基地所需的金属、玻璃等原材料。科学应用国际公司根据门德尔计划

起重挖掘等基建机械，并用微波对地基进行硬化处理。第三阶段为构件组装，采用21根直径6米，长18米的巨型管道，组成3个等边六角形，六角形中用高压充气建立18米高的巨大圆舱，人员设备皆可容纳在管道或圆舱中。第四阶段开采第四阶段作了相应的研究，其结果是令人乐观的：一座重量为1吨的小型试验型化工厂，在一年中可把10吨以上的月岩加工成氧、金属和玻璃。门德尔的整个计划需耗资上千亿美元，人类必须不间断地努力100年才能完成。

第三章

UFO研究

　　面对愈炒预热的UFO研究和人们对UFO的强烈关注，科学界也对此进行了大量的研究。科学家们对众多的目击事件进行了详细的分析，也对已经发现的一些据说是外星人遗迹的证据进行科学的检查化验，以确定其成分。但究竟是否存在外星生命和三类文明，科学家们尚不能给出确定的答复，他们只能在最大程度上做他们最大的努力。目前，科学家们所能肯定的就是那些所谓的外星人以及UFO目击事件中有绝大部分都是人们的错觉，或者是编造的虚假事件，只有一少部分是目前的科学不能解释的现象。为了压抑人们对此的兴趣，有些国家采取坚决否认UFO事件的态度，宣称这些都是子虚乌有的事件，但是对那些无法解释的神秘事件却不予关注。但是民间UFO研究组织对此不以为意，他们仍然一如既往地继续自己的研究事业，希望有一天UFO的真相能彻底被揭开。

UFO地下基地，它位于亚速海拔921米高的亚速山附近，在阿萨镇以北15千米处。来自"仲湟尔"行星的外星人在这里向俄罗斯特工机关传授加工某些价值连城的特种矿物工艺技术，以便将这些价值昂贵的"精品"出售给西方。

据估计，可能在基洛夫市以北约45千米处还有一个外星人基地，

那些侏儒外星人允许俄联邦的特工进入他们的地下飞碟制造厂，并向俄罗斯传授这些21世纪最先进的工艺技术。

有消息说，在莫斯科郊区曾一度有"仲湟尔"行星的飞行器进

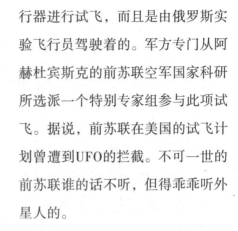

行器进行试飞，而且是由俄罗斯实验飞行员驾驶着的。军方专门从阿赫杜宾斯克的前苏联空军国家科研所选派一个特别专家组参与此项试飞。据说，前苏联在美国的试飞计划曾遭到UFO的拦截。不可一世的前苏联谁的话不听，但得乖乖听外星人的。

科尔欣中校在其所著《俄罗斯人眼中的UFO现象》一书中写道："1990年三四月间，传来许多关于UFO莅临莫斯科北部的报导，从而引起扎戈尔斯克飞碟研究小组的关注和极大兴趣。于是，他们通过观测和研究确认，这些UFO出现在克拉斯诺阿尔梅斯克南部的森林上空，多数UFO进行昼夜定期监测。最初，它们是沿一条范围10千米乘20千米的椭圆轨道飞行；后来，它们又'分兵三路'，朝北部方向沿

俄国的UFO基地

2001年，俄罗斯飞碟专家卡诺瓦洛夫披露了一项震惊世界的消息：外星人在俄罗斯境内至少建立了3处UFO基地。这不是从苏联解体后才开始的，而是从前苏联已经开始了。

◆ 外星人在俄建基地？

报导说，诸多事实证明，前苏联的军方、科学院和特工机关，将天狼星系中"仲湟尔"行星上存在地外文明的客观事实隐瞒了长达55年之久。其实美国也有这方面的报告，并且也隐瞒着。也许他们是出于不同的目地对此进行隐瞒。但有一个问题是俄国没有想到的：外星人比现代地球人的技术不知高出多少倍，它们可以超越人类空间时间的速度飞行，想来就来，想走就走，那么苏联想跟它们合作，实际上就是它们驱使的奴隶。

前苏联，即今天的俄罗斯特工机关，以核武器安全防护为幌子，在俄联邦巴甚基利亚共和国的乌拉尔山地区同来自天狼星系的"仲湟尔"行星人联合建立起

年"海盗一号"和"海盗二号"在

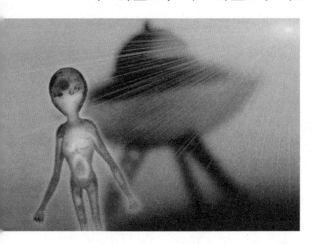

飞机火星上空拍摄了人像、金字塔、类似城市变化，上面的水可以填满一个10~100米深的海洋。这也增加了火星可能是UFO基地的可能。

（4）金星基地说

1989月11月，苏联的一枚探测器终于穿过它表面的大气层，将照片发回。从照片上分析，科学们惊奇地发现了金星表面原来有20000座城市的遗迹。那会不会

就是UFO基地呢？此说的可能性很大。

（5）木星基地说

射电天文学家指出，木星在不断地发无线电脉冲信号，但人们至今还难以破译。人们猜测这也许就是UFO基地发出的信号。

UFO基地到底是在地球上还是地球外？答案无从得知，因为每一种说法都有一大批拥护者，大家各执一词，但又都缺乏极具说服力的科学证据。不管怎样，UFO仍是一个未解之谜，也许不久的将来，这个缠着人们半个世纪的谜将会被解开吧。

现了第二个。1965年1月12日，澳大利亚航客机也发现了一个UFO。1965年4月11日，距离墨尔本东南100千米外的旺撒吉，也出现了两个UFO。1974年4月15日10时许，两个巨大的UFO在该市上空飞行了一整夜。在阿根廷、巴西、也有十分频繁的UFO现象。据猜测，这些UFO大部分来自南极。所以，许多人认为南极有可能是UFO的基地。

（4）地心基地说

这一说法只是人们的一种想法，目前尚未有证据可以证明。

◆ **地球外**

有人说UFO基地在地球上，还有人提出UFO基地在地球外的说法。

（1）地球轨道基地说

科学家们认为，在地球运行轨道上有一个UFO的基地。

（2）月球基地说

有人认为月球是空的，因为在1969年7月，"阿波罗"11号突然失控，坠毁在72公里处的月球表面。事先放置在离坠毁点附近72公里处的地震仪记录了15分钟的震荡声，而且越传越远并逐渐减弱。如果月球是实心的话，声音最多只有二、三分钟。所以，人们认为也许UFO基地就在空心的月球当中。

（3）火星基地说

火星上有许多不可思议的人工基地，有金字塔、西东尼亚。1976

年，北约与挪威的数十艘舰在威丝克思湾也发现了一个不明潜水物。1990年3月下旬，斯里兰卡的马他拉港以南的30千米的

海面上，一个巨大的水中怪物从海中飞了出来，接着又进入水中……这些现象都被怀疑是大西国人搞的鬼。百慕大三角区是UFO出现最多

的地方，有上百架飞机和船只在此失踪，有上千人在此丧生，但一直找不到残骸与尸体。在百慕大三角区的水下，人们发现了不少人工建筑和两座巨大的金字塔，显然不是地球人所为。1966年9月，一个探宝者在离佛罗里达数千米的几米深的海水看见停着一个形如火箭的东西。一些飞碟专家认为：如果海洋是UFO基地的话，那么百慕大三角就是基地的总部。

（3）南极基地说

1962年2月，阿根廷海军在离南极不远的瓦尔德斯半岛以南的新湾海域发现了一个UFO，后来又发

UFO基地的位置

世界所有UFO迷都会关注一个问题：UFO的基地在哪儿？关于这点有两种可能：一是地球上，二是地球外。

◆ 地球上

关于UFO基地在地球上的观点，很多人提出了不同的说法，以下是几种比较有代表性的学说。

（1）沙漠基地说

在内蒙古的沙漠中，老百姓说这一带常有UFO出现。1987年11月，前苏联一支考察队在戈壁沙漠中发现了一个直径22.87米的UFO，里面有外星人的尸体，估计有1000年历史了。作家三毛也说曾在沙漠中两次目睹

UFO。对外星人来说，在沙漠中建立基地是很好的办法。

（2）海底基地说

众所周知的大西国传说在12000年前于"悲惨的一昼夜"间沉没于大海中。科学家们认为，高度发达的大西国人曾经在海底建立了一个UFO基地，也就是说，UFO也许就是他们驾驶的。1902年，英国货船发现了一个巨大的水中怪物，直径10米，长70米。1973

人面鱼纹盆

半坡遗址是仰韶文化时期黄河流域一处典型的母系氏族聚落遗址。在这里遗留了很多那个时期的文物古迹，其中就有一种叫做人面鱼纹盆。人面鱼纹盆是一个神秘而意味深刻的图像，呈圆形构图，画面由人面和鱼组合而成。在这个人圆圆的脸上有一对笑眯眯的眼睛，鼻子像倒立的英文字母"T"，嘴巴笑哈哈地大张着，嘴的两边各含一条鱼，双耳和高耸

的发髻分别用鱼或鱼形纹装饰，额头为半黑和半弧圆的不对称图形，既显得诡异又流露出几分天真……

中国半坡博物馆馆长张礼智说，自从人面鱼纹案发现以来，由于其本身构图的奇特和神秘，对人面鱼纹的含义及用途引起了学术界的热烈争论，至今大约有近30种观点，其中主要有以下几种说法：

49

◆ 图腾说

有专家认为，在原始社会生活中，图腾崇拜是精神生活和原始信仰寄托的象征。因此人们的艺术活动里，图腾徽号往往被刻在某些器物上。半坡人靠水而居，因此半坡彩陶上的鱼纹可能就是半坡图腾崇拜的徽号。人与鱼组合画在一起，代表着人与鱼是不可分的，你中有我，我中有你，共生共存。

◆ 权力象征说

也有专家认为，人面鱼纹是在一定范围内具有权威性的有所特指的图像，在很大程度上是权力的象征。在氏族部落里，谁持有这个图像，谁就会成为氏族的首领，就具有了对其他人绝对的统治能力，具备支配其他人的神圣权力。

◆ 面具说

在原始社会里，人们对很多自然现象都感到无法理解。为了驱逐

鱼纹盆是它们戴的帽子。

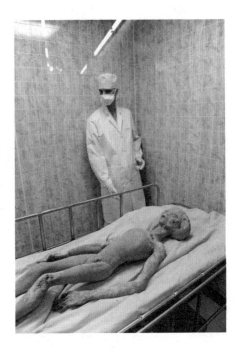

内心的恐惧感或者是祈求上苍的祝福，便产生了专门祈福驱邪的"巫师"。"巫师"在作法时要戴着面具，以显示神圣、庄重和神秘。人面鱼纹盆便是这样一种面具。

◆ 外星人形象说

还有不少人认为人面鱼纹图案所代表的形象在地球上是并不存在的，有可能是在6000多年前，一些外星人光临过地球，而这个人面鱼纹便是它们的形象，也有可能人面

◆ 祖先形象说

在原始社会，先民们对自己"从何而来"感到非常神秘。由于临水而居，他们认为自己的祖先最初就是鱼的形象。在他们的心目中，他们把祖先已经化为"鱼神"顶礼膜拜，以示尊敬。

"仁者见仁，智者见智"，至今也没有一种观点被大多数人所接受。目前研究人面鱼纹和相关的佐证资料还十分有限，加之时代久远，其神秘和出现如此多种观点就不足为奇了，但这也正是该图案的神奇魅力所在。

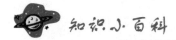
知识小百科

仰韶文化

　　仰韶文化是距今约6000~5000年新石器时代的一种文化，1921年首次在河南省渑池县仰韶村发现，属于母系氏族公社制繁荣时期的文化。主要分布于黄河中下游一带，以陕西渭河流域、山西西南和河南西部的狭长地带为中心，东至河北中部，南达汉水中上游，西及甘肃洮河流域，北抵内蒙古河套地区。

　　当时的生产工具以较发达的磨制石器为主，常见的有刀、斧、锛、凿、箭头、纺织用的石纺轮等；骨器也相当精致。有较发达的农业，作物为粟和黍。饲养家畜主要是猪，也有狗，人们也从事狩猎、捕鱼和采集。各种水器、灶、鼎、盆、罐、瓮等日用陶器以细泥红陶和夹砂红褐陶为主，主要呈红色，陶器上常有彩绘的几何形图案或动物形花纹，是仰韶文化的最明显特征，故也称彩陶文化。

外星人坠落

约于民国72年左右，在台湾桃园县新屋乡的头洲国小，一个不可思议的事件发生了：有一天，学生正在学校操场打扫时，一个不明物坠落操场中央。一位范姓的学生被突如其来的巨大声响所吸引，他看到操场上有一个不明坠落物，便上前查看，结果发现竟是一个身长约30厘米的小娃娃！起初他以为是个玩具娃娃，但抚摸之后却惊奇地发现，娃娃有软而湿润的表皮，全身无毛发，无任何装饰的外表，一点都不像用塑料或布等

所制成的玩具娃娃。于是便将其

带进教室拿给老师及同学看，同学看了也啧啧称奇，大家都戏称是否为外星人？但是，自然科一位姓古的老师利用显微镜观察其表层组织所得结果是：没有细胞或生物体的结构。

但是，不死心的范姓学生把它带回家给家人看，他爸爸未瞧清楚就推

开说是玩具，妈妈则说是不干净的东西，要把它丢掉，不要带进家里来！只有他念国中的大哥特别好奇与怀疑，除了详加查看外，还用一把小刀就像解剖青蛙一样，切开了它的胸部几公分。没见到内脏与骨骼，只有像黏稠状的液体内含有许多像管路的东西，虽无异味，但觉恶心。兄弟俩看不出所以然，大哥仍怀疑它是外星人，并猜测可能它的同类正在搜寻它。因此，他提议把它放在窗户的遮雨台上，让它的同类能较明显地找到它。

但放了三天之后，一点动静也没有，只好让它"入土为安"，他们把它埋在自家的竹林里。过了不

到一个月，他们又耐不住好奇重新再观察，发现这个不明物已成扁平状，全身只剩薄薄一层皮粘在木盒上，而这个非常值得研究的实物，也许就是外星人的具体物证，但它在风化中很快的消失了。

对于范姓兄弟姐妹来说，这次所遭遇的是永生难忘与最不可思议的事件。每当向朋友提起这段往事时，总会激起朋友们异样的眼光，因为它太不可思议了，以至于让人难以相信。但这却是千真万确的事，有老师、同学及家人等许多的证人。而对台湾的外星人研究学者来说，可以说是丧失了一个很好的研究时机。如果当时能送给研究机构做详细的检验与分析，也许能让这件事情水落石出，不管是否为外星人也都能获得澄清。

根据法新社报道，数年前以色列也有类似疑是外星人的尸体出现：1996年12月22日，以色列北部亚克市外阿席忽村一名农妇她家外面发现了一个活生生、有手、有

脚、有眼睛却没耳朵的东西。这个东西后来解体成5厘米长的物体，而且从中流出磷色液体。当警方前来调查此事时，听到若干轻微"爆炸声"，接着这东西就破裂了。尸体消失之快，令人难以想象。这与台湾的此次外星人事件，有许多相

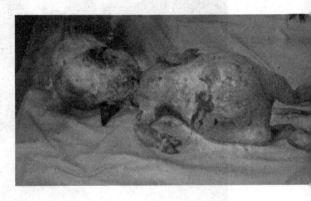

似之处。

根据当事人的叙述，这个从空中掉落的疑是外星人的形态是这样的：外形比例与人类相同，身高约30厘米，全身无毛发，皮肤光滑湿润，双眼与嘴巴紧闭，耳朵较大，外耳上扬，额头较高，没有生殖器，没有内脏与骨骼，内部充满黏稠状无色液体及管状组织。

该尸体虽已消失，但却遗留下

很多有待探讨的问题，如：什么样的东西会莫名其妙从天而降？如果是人造物，为何老师也无法分辨，而动用显微镜观察？为何学童也不

认为它是玩具，而对它有如此高的好奇？如为人造物，是何材质？为何又能如此快的腐化？真正的外星人是何形态，我们无法得知，因此外星人的身体结构也有可能与人类完全不同。所以即使它体内无细胞组织，无内脏骨骼，也不能因此否定它作为另一种生物的可能性。

有关飞碟与外星人之说，已成为当今全球范围内的焦点，然而也有一些人也对此说的真假议论纷纷、反映强烈，同时提出不少疑问。外星人真的存在吗？至今我们仍在探索、研究之中，这仍然是个谜。科学家们指出，对不明飞行物的调查，很难取得准确的结果，不如采取主动，为此，几年前，有一艘名为"航行者"的太空船已经起程，奔向宇宙。太空船内特别载入录有60多种人类语言和不同民族音乐的金制唱片，还有地球外貌、世界各地著名风光和地球人类创造和生活的照片。其目的是探求宇宙，巡找宇宙文明。如果真有外星生命存在，他们有可能通过"航行者"载入的资料认出地球，了解地球人类。

长翅膀的"飞人"

自古以来，地球上就流传着关于"飞人"的言论。而在许多国家的传说或神话中，也都有着许多对长有翅膀、外表像人类的生物的描述。近些年来，许多国家的科学家相继开始研究这种神秘飞行生物的存在性，并且开始寻找他们的踪迹，探索他们的秘密。据俄罗斯《真理报》报道，美国秘密档案透露世界上存在着有翅膀的"飞人"，有些人甚至曾跟他们接触过。目前，美国科学家正在研究和寻找这种"可飞行、具有人特点"的生物。

美国研究者是最早对这种神秘"飞人"产生研究兴趣的科学家。在美国空军档案中，秘密记载着一名居民目睹"飞人"的过程。这个来自内布拉斯加州名为威廉·拉姆的男子在作出这一关于UFO的报道时，详细地描述了他与"飞人"的"亲密接触"。

拉姆称，1922年2月22日凌晨5点，他正在休贝尔地区附近打猎，忽然感到头顶的天空变得昏暗无比，巨大的奇怪尖锐声响几乎刺破他的耳朵。抬头一看，他震惊地发现，一个庞大的、有着腿和一双翅膀的黑色物体正飞行于空中。

拉姆称，这个物体的身高至少为2.4米，后来它迈出步伐，快速行走于雪地中。但是，在艰难地跋涉于雪地中一段时间后，气喘吁吁的拉姆由于体力不支，被迫放弃跟踪。

另外，在这些秘密档案中，还记载着其他一些居住在普埃特·普莱森特镇附近居民与这些有着翅膀

的"飞人"相遇和接触的过程。

该档案透露称，1966年11月15日，普埃特·普莱森特镇2对年轻夫妇驾驶汽车，准备去一乡村看望他们的朋友。然而，当汽车穿过工厂时，其中一名女子忽然惊叫起来，她震惊地发现，2个红色的圆形物体正盘旋于空中，在夜色中

发出耀眼醒目的光芒。当它们接近汽车时，车内所有人这才清楚地看到，这2个红色圆形物体竟然是一个庞大飞行生物的一对眼睛。

这4人发现，这个生物的外形与人类非常相似，但是，它看上去非常高大，身高为1.98~2.1米之

间。另外，令人无法置信的是，这个奇怪的生物背上竟然长着一对已经折叠起来的翅膀。

除了在美国出现长着翅膀的"飞人"之外，世界上其他多个国家也出现了类似的生物。在研究了这些记载于档案中的资料后，美国研究者得出了2个关于"飞人"来源的理论。

根据第一个理论，这些研究者推测称，军队可能在一些研究秘密军事装置的地区，对附近的居民进行一系列实验。这些实验包括一种"思想控制"研究计划，他们使用电子信号，使得这些受到"思想控制"的居民产生幻觉。而根据第二个理论，研究者推测称，在地球上，确实存在着这种长着翅膀的生物。然而，它们的起源却非常神秘，令人无法解释。

探寻外星生命

有人说，宇宙诞生于一个"豌豆"，于150亿至200亿年前的某一时刻，发生了大爆炸，于是开始了不断的膨胀，直至今天。宇宙是由1250亿个星系所组成的，银河系只是其中之一。在银河系的边缘，有一个太阳系，它有八大行星，地球是其中之一，我们人类及其他生命就诞生在它上面。地球是人类的摇篮，是生命的发源地，但它是唯一产生生命的地方吗？

在浩瀚的宇宙星海中，地球是不是唯一存在生命的星球？是不是唯一有智慧生命的星球？这类问题一直吸引着人类的注意力。从远古人类对神的崇拜，到今天人类对外星人的探索，都强烈地刺激着人类希望有朝一日揭开这个长期困扰自己的生命之谜。

今天，随着科学技术的迅猛发展，人类开始大量采用现代化的高科技手段来探索外星生命。美国"哈勃"天文望远镜最新发现，宇

银河系内大约有4000亿星球，其中

宙大约含有1250亿个星系，这比原先估计宇宙约含800个亿星系大得多。我们知道在银河系边缘的太阳系有一个地球，在它上面产生了生命，并进化出了智慧生命。其实当星球上有构成蛋白质的氨基酸、甲醛、乙醇时，就有可能产生生命。

有10%的状态与太阳系相近，这样算一下，就有400亿个星球上可能有生命。而据红外线卫星研究，又有10%星球的气候不冷不热，所以我们可推测在银河系内40亿个星球上有生命。高级智慧生命以10000个星球中只有一个的比例保守估计，也有4000个文明，再保守一些则有400个邻居与我们存在。用这

400×1250亿，得出来的天文数字竟然还是高级生命的星球！

地球诞生约46亿年了，生命的产生相对宇宙来说只不过是一瞬间。我们的太阳正处在壮年期，但终究要走向灭亡。那时，人类将会移民其他星球，在新的星球上生存。恒星在不断产出、不断灭亡，有的刚刚产生，有的将要灭亡。生命也在不断产生、进化和发展。生命可能随着星球一起毁灭，但更有可能进化得能够逃离灭亡！以我们现在的时间看，20亿年后人类进化成什么样？将会有怎样的科技？反过来看，70亿年前的某一有生命的星球，现在有怎样的科技？怎样的发展？

当前的最新科技手段为人类取得了多种生命存在形式的证据：

（1）彗星尘埃里可能有生命的成分

彗星是由冰与石块组成，里面含有生命形成时所需的有机物质。当慧星撞击地球时给地球带来了宇

宙生命，也有可能给其他星球带去生命。

（2）生命不惧怕高温

在太平洋海底火山口处，科学

家无意中发现，在沸腾的热液喷口周围活跃着很多生命形态。低级生命形态的繁衍是从炎热的岩浆中摄取最基本的甚至是有毒的物质维持生命，这些喷口处有早期生命所必须的化学变化。如果生命能在阳光照射不到的炎热又含有硫磺等剧毒环境中生存繁衍的话，那么在整个

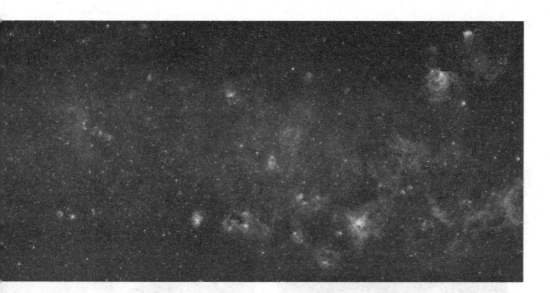

宇宙中可寻找生命的地方就大大地增加了。科学家们的这一新发现证明地球上的一些极端环境里也有生命，这些生物是依靠化学反应能而不是光合作用能来生存，这使人们对生命存在的理论有了崭新的看法，这些能够存在于极端条件下的地球生命，完全有可能生

存于那些看起来是"死亡"的星球上。

（3）木星卫星有海洋

太阳系里最有可能发现生命形态的就数木卫二（欧罗巴）与木卫四了。木星可以说是没有形成太阳的行星，它的表层不是固态并且本身散发热能。科学家发现在围绕它运行的木卫二和木卫四上存在巨

大的地下海洋，这使人们希望在它们上面可能存在生命。"欧罗巴"表面龟裂的冰层底下，可能有"暖冰"或液态水。它是木星已知16个卫星中最明亮的一个，其体积大小与月球相当。这个卫星的表面覆满

了晶莹剔透、微染浅棕色的冰层。在卫星的若干区域，冰层不断迸裂，形成分离的大冰块，然后互相游移、碰撞。冰块仍在不断活动的情形显示，卫星冰层之下仍有温度更高的冰体，甚至是水分出现，不断汇聚成表面的冰层。这一发现是至今除了地球外唯一可能有海洋存在的地方。

（4）宇宙中存在着大量的水

我们知道生命和水有着极大的关系，而且水孕育着生命。最近科

学家们用先进的仪器不断的发现在
宇宙中存在水。在土卫六的大气中
发现有水蒸气的迹象。在猎户星云
发现有大量的水蒸气。在离我们最
近的月球上也存在水，它以冰冻状
态存在于月球的两极，数量可能多
达100亿吨。这些水的发现，意义
重大，使宇宙生命的产生有了重大
的可能。

（5）卫星也能产生生命

科学家们指出，不一定只有行
星才能产生生命。太阳系外某些行
星的卫星：如果体积至少是地球的
十分之一，并有大气层和足够强的
磁场，就构成了适合生命存在的环
境。最近发现在大熊座和处女座的
两个行星系统中，可能有满足上述
条件的行星存在。它们距离地球35
光年，环境中具有让水与其他维持
生命条件存在的特质，体积比木星
大10倍，从地球上用肉眼也能看得
到。围绕处女座70号恒星的行星，
估计表面温度为85℃，正好是水及
其他维持生命的化学条件存在的温

子存在的环境。这颗行星甚至可能有雨水及海洋。而围绕大熊座47号恒星的行星，估计表面温度较低，约-80℃。科学家们表示，该行星大气层中的一个区域，可能有液态水存在的环境。这颗行星所在的星系与太阳系类似，它所处的位置也跟地球与太阳的位置差不多。虽然这两颗行星上充满气体，缺少使生命发展的地表，但这两科行星像太阳系中的木星一样有卫星，位于处女座的新行星的卫星温度，可能更

度范围内，这个温度提供了复杂分

适合生命的存在。

（6）火星上可能曾经有生命存在

越来越多的证据表明，火星上可能曾经存在过生命。火星表面的岩石非常光滑，地面有沙石。"火星探路者"着陆点地貌与地球表面上受洪水冲刷的地貌极为相似。

（7）生命可能起源于宇宙空间

美国科学家们认为，地球上的生命可能源于宇宙空间。关于生命的起源问题，科学家们提出了"化学汤"理论，即因为海洋中大量无机分子构成了化学汤，这才有了生命出现。在星际云层里发现了多环芳香碳氯化物，这种物质对生命的构成很有用。而落在地球上的陨石含有氨基酸，脂肪酸和其他有机化合物，它们也对地球上的生命的出现起到了一定的作用。在太阳系里面，科学家们认为最可能有生命的星球是火星，以及木星的卫星木二"欧罗巴"和土星卫星"泰坦"。

为了寻找外星生命，1998年7月20日在美国召开了寻找地外生命的国际会议。这次会议讨论了其他星球上存在生命形式的生物基础，探测地外生命所面临的技术难点及怎样开展在太空寻找地外生命的活

动。他们一致认为除了地球以外，其他星球上也应存在生命。近些年来的许多新发现使人类相信，问题不是地外生命是否存在，而是地外生命如何存在以及如何找寻这种生命形式。

奥兹玛计划

到了20世纪60年代，人们开始尝试接收地外文明世界发出的无线电信号，地点设在美国西弗吉尼亚州西部绿岸镇附近的国家射电天文台。当时的工作由美国射电天文学家德雷克负责组织，命名为"奥兹玛"计划。这是一个被动式收听地外文明之音的计划，"奥兹"是神话故事中的一个地名，那是一个非常奇异、非常遥远和难以到达的地方，在那里居住

着一位名叫"奥兹玛"的公主。"奥兹玛"计划的含义是"寻找遥远的地外文明"，目的是搜索"外星人"的来电。

该天文台使用一台口径为26米的射电望远镜，选择21厘米的波长来接收外界信号。为什么要作这样的选择呢？我们知道，任何无线

电波的发射都只能用某个波长。实际上，无线电信号的波长有无穷多个，我们怎么知道宇宙人用的是哪个波长呢？科学家们认为，宇宙中最多的元素是氢，因此任何智慧生物都会对氢加以透彻的研究。21厘米波长是氢原子发出的微波的波长，它可能是被宇宙间一切智慧生物最早认识和运用的。

德雷克等人首先将射电天线对准了类似太阳的恒星鲸鱼座 τ 星，它距地球11.9光年，结果是一无所获。之后，他们又把天线对准了另一个目标——波江座 ε 星（距地球10.7光年），最初收到了一个每秒8个脉冲的强无线电信号，10天之后此信号又出现了。不过这并不是人们期待的"外星人"电报信号。"奥兹玛"计划在3个月中，累计"监听"了150小时，遗憾的是始终没有发现任何有价值的信息。

在1972年至1975年进行的"奥兹玛"二期计划中，科学家对地球附近650多个星球进行了观测，希望能收听到外星人这样的信号："你们并不孤独，请来参加银河俱乐部。"但结果还是什么都没有收到。

"奥兹玛"计划是人类文明史上第一次有目的、有组织地在宇宙空间寻找"外星人"的计划。虽然至今还没有获得有价值的结果，但探索自然界奥秘从来就是一场世代努力的接力赛，不可能期望在一朝一夕取得成功。

探索外星人还必须进行广泛的国际合作。前苏联设有国家委员会，专门处理此项工作，设在高加索山上那台有600架天线的射电望远镜，以部分时间进行搜听；加拿大安大略省的亚冈昆射电天文台，也曾对地球附近的一些星球进行搜索观测；美国设在波多黎各东北部的阿雷西博天文台的天线直径达305米的射电望远镜，接收面积比"奥兹玛"计划首次搜听太空信息的天线大了100倍，记录能力大了6倍，它能探测到来自数百光年到数万光年远处天体的信号。

美国天文学家德雷克教授深知与外星人取得联系的种种困难，他指出，"对此，我们就像大海捞针一样要探测整个天空，即使是阿雷西博这种高灵敏度的射电望远镜，也得指向2000万个方向。"科学家至今只收听了几千个星球，而且大部分都是地球附近的星球，所用的频率也很有限。

1985年，在美国哈佛大学天体物理学家保罗·霍洛威茨教授领导下，开始了一项新的探索外星人的计划——"太空多通道分析"计划。通过800多万个不同频率，用高度自动化仪器探测外星文明。由于波段增加了上万倍，相应的工作量也极大地增加了，普查一次太空竟需要200～400天。除了美国，前苏联、澳大利亚、加拿大、德国、法国、荷兰等国家先后参加了这一探索计划。

自从"奥兹玛"计划执行以后，世界上又陆续出现过多项搜索地外智慧生命的计划。科学家们的共同认识是：（1）就像人类的情况一样，生命很有可能产生在地外"太阳系"，因此，探索目标应放在类似太阳的星球上；（2）射电望远镜能"听到"的最好频率范围在1000～10000兆赫之间，这时的宇宙天然无线电噪声最低，因此，想同外界建立联系的外星人，可能会选择这一被称作"微波窗口"的波段进行星际对话；（3）如果我们想同其他星球建立联系，应利用电磁波（譬如无线电波），因为它以光速进行传播。遗憾的是，以上所有的努力都还没有结果，至今没有接收到任何可确认为来自外星人的信号。

美国UFO研究

◆ "蓝皮书计划"

"蓝皮书计划"是美国空军为调查不明飞行物（UFO）而成立的研究计划，专门调查不明飞行物，收集有关UFO和外星人的情报和假情报。由于属于高度机密，大部分调查结果都没有公布。该计划成立于1952年，于1969年12月被命令终止，原来的任务由"水瓶座计划"接手，并持续活动到1970年1月。

（1）计划前的相关研究

1947年美国兴起了一阵"飞碟"狂潮，当时成立了"Project Sign"来进行相关研究。但

"Project Sign"并没有对各种不明飞行物的目击事件下正式结论。

在罗斯威尔飞碟撞毁事件（罗斯威尔事件）之前，美国国家安全是由杜鲁门总统直接负责，曾下令中央情报局（CIA）掩护所有的UFO案件。但是在这个事件之后，杜鲁门下令提高安全与保密，成立一支由科学家所组成的特别组织，以应付未来可能发生的任何UFO坠机事件，由空军负责推行"蓝皮书计划"，以压抑民众的知识，并制造UFO是无稽之谈的情境。

相关研究后来在"Project Grudge"之下继续。"Project Grudge"如此总结：虽然有23%的不明飞行物报导无法解释，所有不明飞行物都只是被误认的自然现象或是其他普通东西。

根据有关不明飞行物体的调查报告，飞碟出现的现象，由于飞碟种类的不同，可以归纳成以下六项不同的特性：

①平均速度极快，来无影去无踪或突然出现、突然消失；

②产生电磁力可以打碎空气，出现时能够无声、无阻碍地移动；

③四周有强烈的电磁场，会使汽车熄火、罗盘乱跳、收音机播音中断、电视受干扰以及电力系统失

灵等现象；

④会产生各种红、橙、黄、绿、紫等色的亮光变换；

⑤没有惯性反应，可以呈连续性任何角度的折线形前进或后退移动；

⑥具有反重力，可以无动力状态停留空中、或快速垂直上升而消失。

是普通飞行物。少数几件是谎报。有701件（约6%）被归类为原因不明。这份报告被归档了。现在因为资讯公开法而可以取得，但其中提到的人名和所有证人的人事资料已经被涂去。

该计划的第一任负责人是Edward J. Ruppelt上校。在他的命令下，研发出一套不明飞行物的标准报告格式。他也是正式发明"UFO"一词（直译为不明飞行物）的人，取代了当时所用不准确而且有暗示性的"飞碟"一词。他在退役之后，写了《The Report on Unidentified Flying Objects》一书，描述美国空军1947年到1955年对不

（2）研究过程

该计划收集了12618件UFO报告，最后总结：大部分报告都只是误认了自然现象（云、星星等）或

明飞行物的调查。

　　该计划的科学顾问是天文学家J.Allen Hynek。他一直为该计划工作直到计划结束，并且创始了

一套分类系统。这套分类系统后来被延伸为今日所知的近距离接触分类。他一开始持怀疑论，但后来自称有些犹豫。他的履历使得他在1970年代或多或少算是这方面的权威。他在联合国大会上对此议题发言过，并且是电影《第三类接触》的技术顾问。

　　蓝皮书计划的调查工作就是将所有的数据和档案分成机密等级，送到美国国家档案管理局储存。机密性较低的案件已陆续被解密而公开，但是仍然有一些"绝对机密（top secret）"的档案至今仍

被隐藏着。根据蓝皮书计划提出的

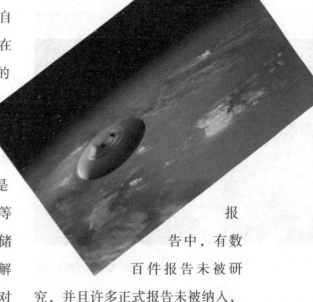

报告中，有数百件报告未被研究，并且许多正式报告未被纳入，纵然被纳入，对报告的处理也不恰

当，甚至常被篡改。由此可知蓝皮书计划可能是美国空军用来降低大众的UFO热、甚至可能掩饰当局秘密研究飞碟的障眼法。

享誉全球的幽浮权威海尼克博士，曾任白宫委员会幽浮听证会与联合国幽浮相关现象会议的发言

人，1948年起为美国空军幽浮研究顾问，审查所有幽浮及相似的第一手报告，他主张有必要慎重对待幽

浮事件，因此和空军处得不好，军方在1989年把放弃蓝皮书计划。海尼克曾再三强调，一些幽浮事件"有值得探索的地方（something there）"。

虽然飞碟的名称是从美国产生的，美国也有几个秘密基地，但是美国官方至今仍然否定飞碟的存在。不过有些国家，譬如巴西、波多黎各、格林纳达等中南美洲的国家，都握有足够的证据，已确认有飞碟的存在。苏俄在未开放以前是不能公开谈论UFO的，开放后已引起研究热潮，并且有太空人说出经常在大空和外星人接触的经验。其他各国经常有UFO目击的报导，例如欧洲的阿尔卑斯山区屡有发现不明飞行物体、百慕大三角的机舰失踪事件等，都可能与UFO有关。

◆ "解密计划"

外星人到底存不存在？美国一个由前政府雇员组成的一个团体表示，他们曾亲眼目睹了外星人的证据，该团体名为"解密计划"，由美国史蒂汶M·格雷尔博士创立于1993年，它专门搜集全世界目击过UFO的军方和政府官员的第一手资料。据悉，该机构已经搜集到500余位有名有姓的美国政府军方前官

员们的1200余页的书面宣誓证词，此外还有大量第一手经过证实可靠的音像资料、解密的军事文件以及相关的材料。

据"解密计划"组织透露，虽然美国政府再三拒绝承认掌握外星人的迹象，但实际上，近50年来，美国政府一直在针对不明飞行物和外星人进行观测。他们公开的证人证辞透露，观测外星人的项目由美国空军具体负责，从1947年至1969年，俄亥俄州帕特森空

军基地记录这个项目进行情况的蓝皮书共记载了12618次观测报告。

虽然"解密计划"对美国政府研究外星人的指证历历，但美国军方却从未承认过这种说法。近来，UFO存在之争再出新解：美国中央情报局专家认为，UFO其实是美国政府制造的骗局。海恩斯是专门研

究美国侦察部的历史学家，他在翻阅了20世纪90年代中情局所有关于UFO的秘密内参后称，超过半数所谓的UFO实际上是有人驾驶的侦察飞机。当时，美国最机密的两样情报收集"宝贝"——A-12和SR-71，在飞临敌方上空时时刻受到致命的威胁，于是中情局想出释放UFO这枚"烟雾弹"来为其护航。

这一说法的可信性在于，这场针对公众的欺骗开始于20世纪50年代的早期，与"解密计划"所指的美国开始研究外星人计划时间相近；此外，记录显示，UFO在美国西南部的来去行踪与秘密侦察飞机的活动惊人地"巧合"。

但这一理由并不能对所有指证外星人存在的证据作出解释，例如，数十年来，世界各国不断有人宣称被外星人劫持过，巴西著名考古学家乔治·狄詹路博士更在巴西深山中发现了奇怪的遗骸和一批

原子粒似的仪器和通讯工具。据悉，这些只有4英尺高的骷髅头颅很大，双眼距离较一般人近得多，每只手只有两个手指，脚上也只有3只脚趾，显然并非人类。此外，从南美的原始森林中传来的消息则更据有爆炸性：科学家发现，这里有7600多名几十年来被外星人劫持的地球人！据悉，科学家在亚马逊河附近的原始森林中发现这些人。他们过着群居生活，年龄最大的80多岁，最小的才几岁，他们都曾被外星人劫持过。这些人现已被转移到一个秘密的地方，以便进一步调

查。

美国政府到底掌握了多少有关外星人的证据？这个问题始终是一个迷。但我们可从"解密计划"提供的几份证辞中一窥一二。

美国陆军国民警卫队退役准将"Y"在他提交的书面证词中表示：我是1958年参军，1959年调入白宫陆军通讯局，直接为艾森豪威尔工作，持有最高绝密级工作许可证。我对美国政府专门进行不明飞行物研究的"蓝本计划"非常熟悉，接触到许多绝对可靠的UFO文件，并且看到美国空军拍下的许多照片，包括美国海军陆战队飞行员、外国飞行员和雷达操纵员捕捉到的奇怪信号，我还亲眼看到神秘的罗斯韦尔事件中保存的奇异的金属残片。因为直接为总统服务，所

以我发现艾森豪威尔总统本人对UFO非常感兴趣。

美国波音公司现任高级科学家"O"在2000年9月提供的书面证词中表露说：我在美国国家安全局、中情局、美国航空航天局、喷气推进实验室、空军第51号地区、诺思罗普公司、波音公司内有许多好朋友，而我本人一直是波音公司飞机表面材料专家。我有一次奉命到科蒂斯·拉梅伊四星上将的家里，上将告诉我说，当年确实有一艘外星飞船坠落在罗斯韦尔。我在美国国家安全局的朋友也告诉我说，基辛格博士、老布什总统、里根总统和戈尔巴乔夫全都了解UFO的秘密计划；我在中情局的朋友则透露说，美国空军曾经成功击落一些UFO；我在波音公司的一位朋友曾经亲身来到UFO坠毁现场，甚至还抬过外星人的尸体！

美国空军退役中校"Q"在2000年9月递交的书面证词中证实说：我在美国空军服役了26年，持有绝密级"特别部门TK工作许可证"，曾是波音公司计算机系统分析专家和美国空军怀特·彼得森空军基地后勤处长。我发誓，我在德国拉姆斯泰因空军基地服役期间，我曾亲手接到过一份绝密电报，这份绝密电报声称UFO在挪威斯卑次皮尔根岛坠毁，请求美国空军采取行动；在调回蒙大拿州马拉姆斯托

姆空军基地后，我再次看到一份绝密电报，这份电报称，一个金属圆形的UFO屡次出现在美国导弹基地发射井上空，所有的导弹都奇怪地失控，根本无法发射！

◆ 美国民间UFO研究组织

除了美国政府外，美国民

间亦有许多研究团体，其中"MUFON"是人数最多，机构最大的UFO研究组织，每年召开一次年会，发表论文，很受大众的重视。

（1）UFO研究基金会

1978年8月在美国华府成立了一个UFO组织，此新组织被称为《UFO研究基金会》，在哥伦比亚特区法律下登记为非赢利机构。发起人是布鲁斯·马卡比博士，他是镭射物理学家，也是国际

知名UFO研究者。此基金会执行委员会委员有动物学家克拉克·菲利浦，他是国立水族馆馆长；天文学家约翰·卡森博士，他是马利兰大学教授；以及哈佛大学地质系主任大卫·史瓦兹兰博士和海军上尉汤玛斯·杜雷。

同以往的同性质组织全然不同的是，此组织并不招收会员，不出版任何刊物，也不使现有UFO组织感到

威胁，因为其目的是在提供经费给其他UFO组织和个人，希望大家能共同严谨地研究UFO。此基金会也提供广泛的科学和技术支持，并致力于高等科学和知识的探求，以及公众对UFO的了解，甚至于设立奖给有特殊研究成就的人士。

（2）飞碟博物馆

1974年在美国新墨西哥州建成。它是世界上唯一对外开放的飞碟博物馆，该馆占地7000多平方米，参观者必须经过严格口试，并对飞碟有一定认识方可进入；出馆时必须留下个人对UFO的看法。馆内陈列着世界各国出版的有关飞碟的杂志和文章，实物馆展出飞碟和不明飞行物的相关对象40余件。

（3）不明飞行物研究中心

不明飞行物研究中心简称

CUFOS，是1974年由美国西北大学天文系主任、著名天文学教授约瑟夫·艾伦·海尼克创办的。该中心每年都举行年会，并发表年会会议记录。月刊为《国际UFO报告》，是当时最重要的UFO学出版物。

（4）美国全国空中现象调查委员会

美国全国空中现象调查委员会简称NICAP，1957年由著名的UFO学家堂纳德·E·基荷创立，为美国著名的UFO研究民间组织。曾跟踪调查了世界上大量UFO目击案件，在美国UFO界享有一定的威望。

法国UFO研究

同世界上其他许多国家一样，法国也对UFO研究充满着浓厚的兴趣，并且建立了许多或官方或民间的研究组织，希望能够在这方面的研究工作上面取得

进展。以下为几个法国比较著名的

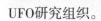

UFO研究组织。

（1）太空不明现象研究小组

1977年法国国家太空研究中心成立了"太空不明现象研究小组"，并依工作性质区分为许多部门，对UFO进行调查、追踪、鉴定及分析工作。这是个由政府资助，并可利用太空中心设备的飞碟研究组织。这一组织强调研究的完整性，希望使飞碟真象完全解开，化神秘事件为普通知

识。

（2）世界星际学会

1982年7月，世界星际学会由

法国科学家阿尔弗雷德·纳翁创立。领导人还包括全法不明飞行物研究委员会主席菲利普·施奈德。其宗旨是：团结一切致力于研究天文、宇航、地外文明、不明宇宙现象、宇宙考古、宇宙生理、生命起源、宇宙起源与演变、星际通讯等科学的人士，共同努力，不懈的探索，促进地球文明的发展，尽可能

地寻求同地外文明联系的方法。该会每年举行一次学术讨论会。

（3）"夜空光芒"

"夜空光芒"是法国民间最大、最著名的研究不明飞行物的组织，总部设在法国利尼翁河尚邦。该研究会十分注重资料收集及调查

研究，曾参与法国多宗UFO目击案调查工作。该会还创办了会刊——《夜空光芒》。

（4）GEPNA

GEPNA是一个由法国政府正式拨款资助的UFO研究组织，在经

过12年深入调查后，从1600宗个案编集而成总结报告。GEPNA主管尚积克·韦拉斯高总结其中最惊人个案称，1964年两名少年看见一群外星人儿童出现在法国中部哥萨镇附近玩耍："一个银色球型物体停在距离他们一百尺远处，四个身穿银色制服的外星人正在玩耍嬉戏，几分钟后，外星人玩耍完，其中三个从飞碟的一个洞爬回去。跟着它升起，留下一个外星人在地面，但当飞碟升到大约20尺高时，那个外星人突然向上一跳，穿透飞碟船身不见了。"韦拉斯高说："现今科学仍无法解释那外星人如何穿过金属船身。这是其中一个证明UFO存在的最有力个案。"

民间UFO研究困境

在很多人看来，UFO是神秘的未知事物，全球UFO目击事件至今已达几十万起，愈来愈多的目击者急待用科学来解释这种奇异现象。上世纪70年代兴起的众多国内外民间团体，每年都组织人员咨询交流，对UFO进行研究探索。尽管进展缓慢，但UFO存在论已经逐渐被一些权威人士证实。2008年7月份，美国埃德加·米切尔博士公开宣称，在自己的职业生涯中，曾亲眼目睹过外星人和UFO。埃德加·米切尔曾是一名宇航员，1971年，他和指挥官艾兰·希帕德乘"阿波罗14号"宇宙飞船成功登陆月球。

究竟宇宙是否真的存在UFO和天外智慧生物？UFO研究社团的执着探索有没有实际意义？答案无从

知晓，但从以下几点我们也可以看到目前民间UFO的艰难处境。

◆ **太原飞碟事件**

近些年，中国山西太原发生了若干起UFO目击事件。

据报道，2004年7月6日清晨，家住武宿机场的刘长春先生在天空发现一不明飞行物。刘先生是东航山西分公司副总经理，7月6日4时许他被家里饲养的小狗的急叫声惊醒后，便起床来到屋外，此时

天还不太亮。4时30分左右，当他

抬头看天空时，忽然发现在仰角大约40度正东稍偏北方向的天空有一个比星星大且呈竖椭圆形状的明亮发光体，开始他以为是飞机或飞机的反光，经观察该物体悬停在原位置不动，凭多年的工作经验他否定了以上的判断，并意识到该物体不是平时在天空所见过的，可能是"UFO"，于是急忙回到家里找出摄像机（松下家用SVHS－C格式），对着该物体拍摄，此时东

面天空无云且晴朗，时间为4时40分。经变焦使影像放大，发现该物体是一个呈圆盘环状的发光体，似

乎还在自转，无明显位移。4时46分，该发光物体变成竖长方形状，相继发出白色、橙色和浅红色光。由于电池没电不能继续拍摄，刘先生只好用肉眼观察，看着发光体逐渐变小、消失，前后历时大约15分钟。事后刘先生浏览互联网上相关信息，得知"不明飞行物"这些年

频繁光顾中国大陆，2002年10月新疆伊宁市上空曾连续两天发现"不明飞行物"，而且伊宁市发现且拍摄下的影像资料与这次他拍摄的影像惊人的相似。

另外还有一位住在高层的先生说他晚上去关窗户时，看到了不明飞行物，他妻子也观测到了这一现象。还有几位住在桃园路、体育西路的市民也称目击了UFO，他们还拍摄了照片。但这些照片都不能说明他们看到的确实是UFO。

山西UFO研究会工作人员在搜集资料调查目击报告的过程中，也没有找到UFO失落在地球的遗留物。在一次会议上，一位UFO目击者携带了金属碎片。据说，他看到不明飞行物坠落后，寻找到一块融化的金属物质，他送到了当地公安部门，他自己保留了一块。因为没有权威部门为他做鉴定，所以，也不太清楚他的金属碎片究竟是不是飞碟的遗留物。

◆ 测量飞碟高度大小

许多飞碟爱好者都有目击UFO的经历，产生好奇后，才加入到UFO的研究社团。上海UFO探索研究中心的杨玉荣曾是一名边防战士。1970年5月21日凌晨2时，他和战友站岗时，一道强光从天上照射下来，他们抬头仰望，看见一个发光的飞行器由南向北而去，当时，他们以为是国家制造出来的新式武器。直到上世纪80年代，他从书籍上看到有关UFO的报道，才恍然大悟。对于UFO的存在，杨玉荣坚信不疑，回上海工作后就投入到UFO

的研究中来。但是大多爱好者还停留在收集目击资料，试图用各种自学光学理论解释UFO现象的阶段。

而国际知名UFO研究学者，日本专家天宫清先生根据他几十年来的摸索，亲手制作了十余件测量UFO高度、大小、面积等的仪表器具。1991年9月29日15时，天宫清在日本松原的家中闲坐，有一个朋友打电话说他在附近看到了飞碟。他立刻准备好了仪器，跑到了院子外面。当时飞碟距离天宫清有100多米的高度，椭圆形，黑色的，它

没有发光，只是在慢慢移动，他马上支好了三脚架，拍摄了多张照

片。那次，天宫清观测了飞碟半个多小时，照片拍得也非常清晰。

　　天宫清从1960年开始研究飞碟，他目击到的UFO的运动，有水平状飞行的，有锯齿形飞行的，有锯齿形上升飞行、上下运动、自转运动等。他阅读了各国关于UFO的研究报告，对研究报告中所出现的UFO的形状、时间、月份等进行了统计，对于具有特征性的UFO进行了考察，有了自己的研究心得。

　　先看UFO的大小，人们用肉眼看UFO，因无法准确判断其距离，它的大小也就无法确定。如果UFO穿过云雾，天宫清能用自己制作的仰角，计算云雾的高度，通过周围物体的高度，再计算出UFO的高度。通过它移动的幅度以及所在的角度，也可以计算出它的实际面积。1966年10月22日8时左右，在日本大宫市，两位目击者看到了雪茄状UFO。两位目击者是学生，他们书包里携带着量角器，将UFO与周围物体的角度值测量了下来。天宫清以他们报告的两个地点的观测值为依据，绘制了平面图和侧面图，算出该次UFO的长度为1000米，这在雪茄状UFO中是最大的。

1962年天宫清所看见的UFO闪着光芒，不规则地移动着，在云端里忽上忽下、时快时慢、反转地运行。根据他的观测，UFO消失的方式颇为神秘，多数情况下，它与天空融为一体，也有像爆炸一样发光后消失的情况。它消失时，仿佛空中有面看不见的墙壁，它穿过墙壁就不见了。

◆ 官方沉默以对

1972年，前宇航员奥迪尼第一个打破沉默，公布说有26名宇航员在轨道上看到过不明飞行物。1965年6月3日，驾驶"双子星号"太空船的宇航员麦克迪维特和怀特，从

太空船上拍摄到一个巨大的圆筒形不明飞行物。12月4日，乘"双子星号"太空船绕地飞行的博尔和洛弗尔，看到两个不规则飞行的发光圆盘。1968年10月11日，"阿波罗7号"太空船上的宇航员艾西尔，在225公里的高空拍到一个巨大的雪茄状不明飞行物。然而，对

于这些目击报告，官方一再沉默。

日本有十多个UFO研究机构，全部是个人投资。在日本，每个月有一次观测UFO的聚会，地点在明治神宫。每次参与观测的控制在20~30个人，有时候，官方也会派人来观测。大多数耗费精力，毕生研究UFO的，多为民间个人。这么多年来，他们的研究收效甚微。日本的一些组织之间也经常交流探讨，吸收国外的一些研究成果，他们利用网络进行学术沟通，希望能在不远的将来有所进展。

中国国内的UFO研究仍停留在原来的认知阶段，原因也是多方面的。上世纪80年代，我国各省市有UFO研究组织47个，会员达数万人。上世纪90年代有关部门对社团进行整顿，只有部分省市的研究社团符合条件，成为具有法人资格的社会民间UFO研究团体。由于条件的限制，民间团体对不明飞行物的研究仅限于对发生的案例进行详细记录分析。

再者是经费严重不足。绝大多数民间UFO研究团体的经费来源于会费，而会费远远不够用。搞目击调查、赴现场考证、召开学术会议、开展科普宣传等，都是团体人员自掏腰包自费调研。但飞碟探索是一项长期的需要大量资金的研究，不解决资金问题，社团人员就会流失，社团也就难以生存。令人担忧的是，受过中高等教育的从事飞碟研究的人，为数不多。这些都是造成飞碟研究缓慢的原因。

第四章

UFO档案故事

光是猜测还不能征服观众，总是要有一定的证据来进行证明。于是世界上的UFO目击事件便不断涌现，世界各地都不断有传言说有人发现了UFO的行踪，对其描述也都是绘声绘色，时间、地点以及UFO的形状、颜色等具体特征都有详细的描述，甚至还有人说自己曾经遭遇过外星人绑架，因此更增加了UFO事件的真实感。有些人还利用相机摄像机等拍下了照片录像等资料，还有人为了追踪这些不明

飞行物而莫名身亡。除了有目击者、照片等证据，还有很多据说是外星人基地之类的实物证据。

而且不光是现代才有这些关于不明飞行物的记载，在古代也早已经有很多文字记载了人们当时见到UFO的具体情况，并详细记录了古人眼中的这些飞行物的形状和特点。由于当时人类的科学技术水平还很低，所以他们并不能理解这些到底是怎么回事，于是便经常将其归结为天神显灵之类，所以就流传下来了很多有关于不明飞行物的神话传说，为UFO增添了一抹更加神秘的色彩。正是因为有了这么多言之凿凿的证据和科学家的极力否认以及有些国家对民间UFO研究的抑制，UFO的真实性才变得更加扑朔迷离。

中国UFO故事

◆ 古代神话传说

20世纪30年代，一份关于亚特兰蒂斯的报告被摆上了德国纳粹领导人希特勒的桌面。笃信雅利安人是亚特兰蒂斯后裔的希特勒，先后派出了两批队伍翻越喜马拉雅山来到中国西藏，寻找所谓亚特兰蒂斯神族后裔和世界能源的核心——"世界轴心"。

公元前16000年，遥远的大西洲，有一片美丽而巨大的岛屿，人们称它亚特兰蒂斯。这里的人们拥有超凡的智慧、高尚的品性、无穷的财富以及令人惊叹的科学技术。亚特兰蒂斯人的生活已经高度自动化，他们的能源来自安置在首都波塞迪亚中心的六面体柱型磁欧石。他们拥有巨大的船坞、庞大的船队，并且已经创造出可以载人的、用磁能场驱动的飞行器。

随着科技的发达，亚特兰蒂斯人开始沉迷于腐败的生活，同时野心膨胀、四处侵略邻国。终于，他们的行为触怒了宙斯，于是宙斯降下灾难，将整个亚特兰蒂斯沉入浩瀚的海洋中。亚特兰蒂斯这个高度文明的国度就此消失于世。只有少数亚特兰蒂斯神

古希腊哲学家柏拉图在《对话录》中曾记载了一段苏格拉底和柯里希亚斯的关于亚特兰蒂斯真的存在的对话，正是这段记录让希特勒相信了在平均海拔超过4000米的青藏高原上，有亚特兰蒂斯神族的后裔，还有着可以扭转时空的能量中心。这些远远超越现实科技的构想假如真的存在，那它究竟起源于何方？这些传说中的亚特兰斯斯神族是否会是来自地球外的智慧生命

族在浩劫到来时乘坐他们的飞行器，逃到了遥远东方的青藏高原。

呢？于是UFO研究爱好者把目光转向了深邃的宇宙苍穹。

2008年初，一部名为《史前一万年》的影片横扫全球票房。片中，一位原始部落的猎人达雷为救回自己的心上人而远征，最后刺杀了敌军的首领。这个首领身材高挑、四肢细长，说着非人类的语言，手下的人们对他十分敬畏，他驱使着人们修筑巨大的神殿和金字塔。这个首领始终蒙着面纱，直到他被达雷刺中倒下阶梯，人们才看到他的真面目，尖细的脸颊、没有眼睑的黑色大眼睛，相信荧幕前的观众都会不约而同地想到一个词：外星人。

在世界各地的历史遗迹和神话传说中，人们都会发现一些容易让人联想到地外生命的画面或故事。比如澳大利亚阿纳姆高地的悬崖上就有类似穿

着宇航服的人类画像，而留下无数神秘金字塔的玛雅人拥有十分精准的天文知识，他们甚至被怀疑为外星人的后代。我们可以猜想，在地球人类尚处于儿童时期时，他们见到从天而降的外星人类，被他们带来的神奇科技所吸引，从而将其作为神灵而加以崇拜，这是完全符合逻辑的。这个假设似乎也可以解释为何许多上古传说中的首领或神灵都天生异相，例如中国神话中的蚩

尤、女娲等。

而在藏族的神话传说中，也存在一些天降神人的故事。

在现今西藏山南地区穷结县的木惹山下，有一处雄伟的墓葬群。这是吐蕃第29代至40代赞普、大臣及王妃的墓葬群。其中包括了松赞干布及文成公主的墓冢。而在西藏原生宗教苯教的传说中，天有十三层，由一条天梯连接人间和上天。第一代藏王聂墀赞普是天神之子，他通过天梯下凡而来，在完成了拯救世俗的任务后，又沿着天梯回到了天堂。后来他的6位继承者，也都在完成使命后顺利攀登天梯返回天庭。因此前七代藏王没有将身体留在人间，也就没有墓。到了第八位藏王直贡赞普时，他开始打压苯教，最终被巫术杀死，天梯从此也被折断，于是后来的历代藏王就再也不能返回天上了。

在目前一些学术研究中，学者更倾向于认为第一代藏王生活在公元前350年左右。而在苯教经典中，这个神话故事发生在20000年前。实际上第一代藏王究竟生活于什么时代，至今也没个确切的说法。

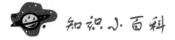知识小百科

苯教

在古藏文的记载中，苯教的苯（Bon）是"颂咒""祈祷""咏赞"之义，这在原始信仰的各种仪式中是个极其重要的部分。以念颂各种咒文为主要仪式的各种原始的苯被传统称之为"原始苯教"或"世续苯教"，另外由辛绕弥沃所创立的"雍仲苯教"在"Bon"之后加上一个"Po"（Bonpo 苯波）就变成信仰和参与各种原始信仰的人。因为雍仲苯教最传统的法帽"尔莫泽杰"（又称"胜尖白帽"）是白色的，因此早期的雍仲苯教曾被称作"白帽苯"，由于西藏古代政治、历史、宗教等原因，许多西藏人都忽略了西藏本土的历史，他们认为印度佛教对西藏文化特性的形成有着巨大的贡献，并认为所有来自印度的都是有伟大价值的，同时也认定西藏本土文化以及与印度或佛教不相关的都没什么价值，一些古代藏地学者的著作中描写苯教的章节，往往是人云亦云地搬照前代学者的文章或宗教范本的史记，因此很多著作都简单地把苯教描写成"鬼神崇拜""杀生祭祀"或"巫术"等等，正是这种状况，延续了许多个世纪，导致了西藏真实历史和本土文化的遗失，同时也限制了学者们对苯教研究的兴趣。

◆ 杜立巴石碟

我们从遥远的上古时期回到近代，在二十世纪世界UFO研究界中

盛传一个关于"西藏神秘的杜立巴石碟"的故事，而这个神秘石碟被直指为外星人遗留物，这究竟是怎么回事呢？

据说，1938年，一支由一位名叫齐福泰考古学家带领的中国考古队在青藏高原巴颜喀拉山脉的一个山洞中，挖掘出了716块圆型石盘。石盘每块厚约2厘米，中心有一圆孔，表面有螺旋形的凹槽，从中心延伸到边沿，凹槽上面布满类似象形文字的符号。同时，在这个

山洞的洞壁上，考古队还发现了一些星相图。1962年，一位名叫楚闻明的中国教授破解了这些石盘上的"密语"，据说石碟上的文字记述了一群来自天狼星的外星人，他们乘坐的飞船坠落在了青藏高原，这些外星人将飞船残骸和剩余物品搬进了山洞，在地球上开始了新的生活。

有意思的是，有关杜立巴石碟的报道，最先是出现在苏联的媒体上的，在此之前，中国国内几乎无

人知晓。据苏联报道称，这些石碟中的一部分被运到了苏联，苏联学者对它们进行了研究，发现石碟蕴含大量稀有金属元素，且还具有十分高的振荡频率，彷佛是一种电路

破译石碟文字的楚闻明教授也受到了文革迫害，最后出国不知所踪。

迄今，有关"杜立巴石碟"的证据仅限于一张照片。1976年，一位奥地利工程师展示了一张"杜立巴石

元件。

令人费解的是出土数量如此之大的"杜立巴石碟"，竟然从未有人展示过实物。有传言说，这些石碟在文革时被破坏掉了，还有人说

碟"的照片，据说是在中国陕西某博物馆中拍摄的。照片上，两个圆盘型物体交叠而放，中间有明显的孔洞，周围有一些同心圆圈。

作为中国在世界上最有名的外

星人事件，它当然也成为中国各个UFO研究组织的关注点。有记者就这个问题咨询过北京UFO研究会秘书长周小强，周秘书长一口否定了这个故事的真实性。他说，这个事件很有名，我们也曾对其进行过研究，然而调查的结果是，这个时间、地点、人物，甚至前后衔接都十分完整的故事，在现实中却一个真实印证都找不到。不管是巴颜喀拉山的那个考古洞穴、还是出土的

石碟，以及先后出现的两位所谓学者，都是查无所获。而那张所谓"石碟"的照片，很可能是玉璧等中国古代文物，陕西的博物馆并没有所谓石碟的陈列。据周小强秘书

长说，这个事情在国外传得很厉害，甚至美国还出过一个电视片《中国罗斯威尔》，但是，他们并没有实地调查的经历。作为国内UFO研究组织，从我们的调查来看，这个故事应该是虚构的。

◆ 德令哈"外星人"基地

如果说"杜立巴石碟"因为缺乏必要的证据而只能将其看作一个虚构的故事，那青海柴达木德令哈市的白公山"外星人基地"则是触手可及的现实物证。中国著名诗人海子曾在诗中写到"今夜我在德令哈"，是否有那么一个夜晚，来自宇宙的智慧生命也曾在德令哈留下自己的痕迹呢？

德令哈市西南方向有两个美丽的高原湖泊，一咸一淡，名为托素湖和可鲁克湖。就在托素湖畔，茫茫戈壁上，有一座金色的山包，高约200米，这就是白公山。在这座看似普通的小山中，却密布着"外星人的遗留物"——大量的"铁

管"。

从白公山一处高约5米的洞口进去，就可见到洞壁的岩石上镶嵌着类似生锈的铁管的物件，长数十厘米，粗细不一，粗如家用水管，细如手指。走出洞外，可以见到从白公山到托素湖畔的戈壁滩上，遍地竖立着细长的石条，也可见到"铁管"，甚至在湖底也有"铁管"的分布。有人猜测这些从白公山一直延伸到湖底的铁管本是相连的，只是因为风化而断裂，才呈现出现在的零散状态。

青海省锡铁山矿务局的专家曾对托素湖的管状物进行了化验分析，结论是此管状物确系金属：其中氧化铁占30%以上，二氧化硅和碳酸钙占60%以上，另外，尚有7%～8%的不明化学元素，而有些铁管还具有高放射性。

柴达木盆地中的这片荒漠在历史上只有少量游牧民族活动于此，在近代的建设中这里也未曾进行过工业开发，可以说是一片原生荒漠，那这些铁管如何而来呢？

北京UFO研究会早在2002年时就曾试图前往考察，后因一些原因而未能成行。周秘书长说，那时有关白公山"外星人基地"的消息被广泛报道，当时是一位曾驻扎当地的复员军人对外道出这个神奇的地方，媒体便开始大量报道。有人说这里是外星人飞船的发射基地，那些"铁管"便是发射架的部件。

◆ **西藏UFO事件**

西藏是一个充满神秘诱惑的地方，每年去西藏旅游的中外游人不计其数，那里独特的地理和人文环境对生活在内陆地区的人们充满着巨大的吸引力。而以下几个案例是游人提供的有关于在西藏看到UFO的资料，且不管那些是否真的是UFO？西藏是否真有外星人出没？单是这几个案例引发的广泛讨论就又为西藏增添了一股神秘的魅力。

（1）雪山顶上的神秘黑点

2007年10月8日，来自黑龙江齐齐哈尔的王培英先生和朋友一行9人准备从拉萨前往瞩目的纳木错湖游览，从事气象工作的王先生发现天气不是很好，于是半途放弃了纳木错之行。车子在返回拉萨的途中，停下休息。王先生趁机下车随意地拍摄了周围的风景。回到齐齐哈尔后，王先生和同事们分享西藏之行的照片，同事小赵猛然发现一

张照片的左上角，在山脊的上方有

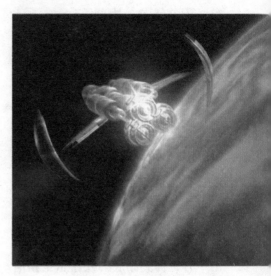

一个悬空的黑点。放大来看，这个黑影圆头尖尾，彷佛一只蝌蚪。有人质疑这是镜头上的黑点，于是大家查看了和这张照片相邻拍摄的其他照片，但发现其他照片上都没出现这个黑影。

（2）大昭寺上空的六边形光圈

2005年5月，北京UFO研究会的论坛上出现了一张照片，拍摄于拉萨大昭寺。照片上乌云密布的大昭寺上空，有一个规则的六边形光圈。这张照片是5月1日拍摄

的，拍摄者后来将照片放到电脑上

才发现，他"非常兴奋，又无法解释"，于是将图传给了周小强秘书长。在跟帖中，马上有网友指出，这个六边形的光圈不过是摄影过程中常出现的一种光学现象，是光的折射作用造成的，是十分普遍的现象，可能拍摄者对摄影中的光圈现象并不了解，所以才误以为是UFO。

（3）西藏UFO视频

2005年底，网上惊现一段"西藏UFO视频"。视频画面中，拍摄者在车内向车外拍摄，镜头中车窗外是一片开阔地带，天空压着阴云，阳光从云的缝隙中穿透下来。忽然，一个白色光点出现在镜头中，并且还在左右跳动，持续了短暂的时间后，光点突然剧烈闪烁爆炸，消失了。

这个视频当年引起巨大的轰动，许多媒体都争相报道，而这段视频也被证明并没有作假。为此，

北京UFO研究会在2006年2月举行了一次专门针对这个UFO事件的分析研讨会。视频的拍摄者是云南一对夫妇，拍摄时间是2005年9月19日傍晚19时左右，地点并非网上所传的西藏，而是在新疆从克拉玛依到布尔津星城途中。

分析会上，与会的各路专家纷纷发表意见，有怀疑是球形闪电的，有怀疑是拍摄到军事行动的，也有说可能是云彩的。在激烈的讨论之后，一个答案浮出水面，并获得了大家最终的认可——这是相机闪光灯在车窗玻璃上的影像。当时拍摄者对窗外景色进行拍摄，其身后正好有其他人在进行拍摄，闪光灯的光亮照在了车窗玻璃上，从而被摄像机捕捉到了。得出这一结论后，专家当场利用窗户进行了试验，而试验结果证明这一推断是完全正确的。

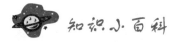
知识小百科

巴颜喀拉山脉

　　巴颜喀拉在蒙古语的意思，是"富饶青（黑）色的山"。巴颜喀拉山脉是中国青海省山脉，在青海省东南部，是昆仑山脉东段的南支，长江和黄河的分水岭。西北-东南走向，为昆仑山东延部分，其西与可可西里山相接，东抵松潘高原和邛崃山。海拔5000公尺左右，主峰巴颜喀拉山海拔为5267公尺。北坡缓坦，南坡深切，多峡谷。

　　巴颜喀拉山山区地势高，气候寒冷，属高寒荒漠草原，人烟稀少，只有藏人在此从事畜牧。山间谷地上，牦牛、绵羊远近成群。向阳的缓坡上一块块草滩，像翠绿的绒毯铺盖大地，偶见零星牧包士房点缀其

间。这里有许多终年积雪的高山，处处冰河垂悬。每年春天以后，在强烈的日光照耀下，高山冰雪渐渐消融，融水汇成一股股溪流，滋润干燥的沃土，更为长江与黄河供给水源。

◆ 空军UFO事件

中国空军飞行员肩负着保卫领空的神圣职责，长年翱翔在万里蓝天，对各种空中现象具有高度的警觉性和敏锐的分辨力；守卫着辽阔疆域的陆军，随时要观察防区陆上或空中发生的各种异常情况。下面列举的是我国空军飞行员和陆军地面部队在保卫领空、守卫国土的过程中，多次发现不明飞行物的目击案例中几起较为突出的案例：

1971年11月下旬某晚，内蒙生产建设兵团某连指战员正集中在连部收听广播。骤然，电灯自灭，收音机发出奇怪的噪音，北边后窗透入一片紫光泻入室内西墙，又逐

渐移往南墙再到东墙，这说明室外有一个强烈的光源在移动。连长叫大家出去看看，大伙来到室外晒谷场，只见西边50米外的马车道上方200米空中，有一个象小铜鼓似的扁圆形物体，直径约2米，高80厘米，发着紫色强光，自旋着慢慢下降，落在车道附近一片雪地里，在接地时发出湍流般的声响。连长给团部打电话，摇了几次，没有信号，便通知大家带上家伙，当大家回屋取了家伙再到场上，那物已离

地起飞，离地三米后骤然加速，闪电般直上云霄，飞驰而去。

1974年10月19日凌晨1时许，驻防甘肃永登县坪城地区的兰州部队炮兵某团侦察班长张登洲在防区流动巡察车炮场时，眼前骤然的明亮起来，整个村庄洒满淡蓝色的光，如同处在晨曦之中。距5米远处原来似一条粗黑线条似的排洪沟，在亮光下清晰可见。张登洲见状大异，急忙四处张望，寻找光源。顿见在本班营房东屋后的山头上，浮着一个略呈扁长椭圆形、中间为金黄光、四周为桔红色的彩云一般的发光物体。目测距离约160米，其直径约3米。张登洲既惊异，又紧张，出于警惕，急忙操持冲锋枪，仔细观察它的动向。见该物并非静止地浮在山头上，而是由北向南徐徐水平移动。大约逗留了2分钟光景，才加速向东快速飞去，消失在山背后。村庄又恢复了原来的黑暗。后来据说车炮场两个值勤哨兵也都看到了亮光。

1975年5月4日晚8时左右，驻

湖南长沙大托铺机场的航空兵某部夜航大队正在进行紧张有序的飞行训练。突然，数百名在场官兵被一个奇异的不明飞行物吸引住：它头部发红光，后部发蓝光，从岳麓山峰后飞出，由北向南飞向机场上空，速度类似于正在空中飞行的歼击机，但无声响。这个现象很像一架发动机停转并燃烧起来的飞机，仅靠惯性维持滑行，直冒火光。一时间，人们以为一架飞机起火而惊呆了！按照飞行计划，当时正有架飞机越过机场上空，指挥塔立即下达命令："XX号，请你看一下仪表，飞机工作是否正常？如发动机起火，立即跳伞！"XX号飞行员回答说一切正常，并请求返航。

这时那个奇异飞行体已经飞到跑道上空，人们紧张中对它看得较清楚：它形同一节火车车厢，长约

20~30米，宽约3~4米，头部隐约显出实体，后部闪着红光和蓝光，似有舷窗。其飞行高度约千余米，飞行速度不是很快，前后飞行了

5~6分钟，才从人们的视野中消失。这时飞机已全部返航，安全着陆，由于这个UFO的出现，飞

行训练提前结束。

1979年8月4日20时55分，驻新疆空军某部飞行大队副大队长张英，在新疆库尔洛地区上空驾机飞行时，在飞机的左前方，发现一个磨盘大小、银白色、圆盘状的发光物悬浮在空中，圆盘的中心有一个鸡蛋大的圆孔，圆盘边缘规则、清

晰、整齐，塔台人员也证实了这一情况。10分钟后，这个飞行物缓缓向东北方向飞去，消失在夜空中。20天后的一个午夜，张英再次在空中遭遇到圆盘形飞行物，但是体积比上次大一倍。

1981年6月7日夜23时17分，驻舟山大巨岛外高涂部队电话班战士章鸣从连队查线回来，发现一个发光的不明飞行物正由西北向南飞来，该物呈圆球形，脸盆大小（这是观察到的面积，实际面积估计不清），发绿白色强光，犹如雷电闪光，十分耀眼。"飞行物"实体感明显，轮廓清晰，圆球后面拖着一根约50公尺长、带有绿白红黄颜色的尾巴，很象火箭喷出的火柱。飞行时圆球不停地转动，但没有声音。高度约 1000～2000米，由西北向西南飞去，从营房上空飞过。最后在一片暗淡的云层中消失。目击过程约3分钟，在飞行物出现前后的一段时间里，飞越地段内的收音机收不到电台讯号，在发电厂电压没有变化的情况下，日光灯亮不起来，白炽灯发红且暗淡无光。这些现象在飞行物消失5分钟左右的时间后停止，一切重又恢复了正常。被章鸣的叫声惊醒，起来后看到这一景象的另三名目击者是连指导员任满根，战士王明福、吴建武。

1982年6月18日晚，中国空军飞行员和地面指挥人员200余人，在华北地区上空进行昼转夜航训练，当时空中有5架飞机、7名飞行员在飞，天空能见度良好。可是在机场上空却意外地出现了异常现象，据一名目击飞行员刘世慧叙述："当晚我正驾歼击机在空中飞行，22时零5分，无线电发出噪声，接着罗盘失灵，指针指向了西北方，从地平线上射来一束桔红色的光，30秒后，光束消失，出现了一个球状物体，竟似中秋月亮大小，它逐渐变大变亮。10秒钟以后，突然向我正侧面高速旋转而来，现出一圈圈光环。我向地面指

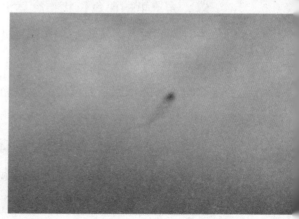

挥员报告，但听不到回答。又过了10秒钟，球体急剧膨胀，瞬间出

现一个光罩，转眼间铺天接地，静止地悬在空中。它呈乳白色，边缘光滑整齐，各部对称均匀。它的右下方有一条深色竖长形状的物体。我把飞机升到8000米，增速，但仍然超不过、摆脱不了光罩。这时听到其他飞机传来的返航命令，我便左转返航，可是罗盘始终指向光罩，光罩里的深色长状物突然消失，有几块黑影从我左右方掠过机翼。10秒钟后，深色长状物又重新出现在光罩原来的位置。返航途中，无线电和罗盘恢复正常，于22时30分安全着陆。整个过程约34分钟。" 机场飞行指挥员杨副大队长说："当时飞在空中的5架飞

机、7名飞行员都受到了干扰，地面观察，22时10分，北西方向出现了光罩，它突然膨胀,在离心力的作用下，急剧向外扩展，内部围绕中心右旋，边缘非常清晰、明亮，22时30分，光罩变淡透明，22时45分消失。"

1982年10月11日晚，空军某部飞行员刘正兴驾机夜航时，发现飞机左后方有一白色发光物体与飞机始终保持2000米距离等速飞行，当飞机关闭夜航灯时，该物体就消失，重新打开夜航灯时又尾随而来。这样重复了多次，与飞机相持近半小时后，从飞机的右上方爬升加速飞去。

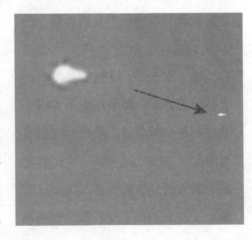

1983年6月13日夜晚，中国空军"八一"飞行表演队的战机正在基地空域进行夜航训练，坐镇塔台的地面指挥员是队长肖庆友，战斗机沿着大气中那条看不见的航线，一架架飞向深沉的夜空，完成课目后又依次呼啸着返回机场，训练正井井有条地进行着。时间已近午夜，夜航接近尾声，天上只剩下刚上去的6架飞机了。高度紧张的肖庆友队长稍稍松了口气，但也不敢掉以

轻心，仍密切地注视着天空。骤然间，空中出现了新情况，北方天空冒出来一个圆圆的"月亮"。这时的月相是下弦月，应该从东方升起残月，怎会在北方出现满月呢？肖队长感到十分震惊，盯着这个奇怪的"月亮"。从机场北端近距导航台后面的地平线上缓缓升起，而上升的速度比月亮要快得多，大小像个篮球。肖为了不惊动飞行员，不动声色。从天上与地面的通话中，见飞行员尚未因出现异常情况而慌

乱，暗自放心。但在应答飞行员的请示和下达相应指令时，眼睛仍注视着"月亮"的动向……只见"月亮"竟不声不响，旁若无人，沿着它自己的航迹在往这边靠近，越来越感到有点不大对头。为了不引起塔台的躁动，便小声对旁边的飞行值班参谋说："你看看，那玩意儿是不是飞碟？"

此刻，那"月亮"已渐渐升高，已越出了远处的树尖，而且还在加快上升速度，值班参谋看着

越来越高，越变越大，越来越亮的不明飞行物，眼发直了，不由得"啊"了一声，赶紧从塔台侧门冲了出去看个究竟。就在此时，空、地通话的电台扬声器传来声音："03报告：北面发现飞碟！"塔台里的人员乍听了都一愣，互相瞅瞅，刹那间，一下子全拥到塔台外面去看飞碟了。

"05报告：方位290度有飞碟出现！"

"06"的情况似乎更不妙，他

的声音紧张得带上了哭腔："——我是06！我是06！飞碟……飞碟正向我迎面飞来！"

　　长期的飞行指挥实践，磨练了肖庆友的胆魄和机智。面对天空突

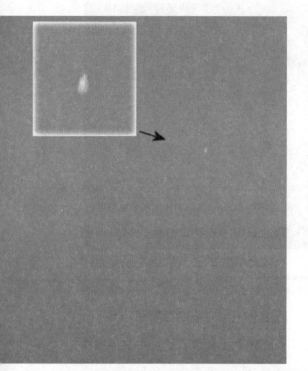

然出现的危机，他果断决定，发出命令："空中注意，停止课目，全部返航。"

　　命令下达后，肖庆友回头正要向地面指挥班下达"接收着陆"指示，才发现身后空

了。他大吼一声："回来，各就各位！"

　　这时，天上的"飞碟"已经接近了塔台上空，它的大小变得像一个巨大的餐桌，能感觉到它的中心和外缘部分光线的微妙变化。

　　飞机一架架落地，投出减速伞紧急着陆，唯有"06"不见踪影，原来他由于紧张，产生了幻视，已经偏离了机场，把城市路灯错当成跑道灯，正要请示"下降"被肖及时发现，命令"拉起复飞，重新校正方向"这才避免了一场灾难，最后着陆。

　　飞机全部落地后，肖庆友看

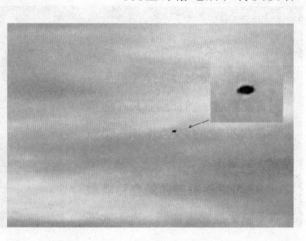

到，头顶上的飞碟已经变了样，它越飞越高，越来越淡，大约30分钟后，像一团朦胧的云在夜空里消失了……参加训练的飞行员和塔台人员都是目击者。5天后，《解放军报》发了一则消息：6月13日，我国北方许多地区看到了不明飞行物……。

1987年8月27日晚8时，在中国的浙江和上海沿海上空发现一不明飞行物，该物体开始出现时呈螺旋形光束，顺时针方向旋转，尾部散发着光点，很快变成脸盆大小的椭圆形的光盘，发出黄、蓝二色光，由北向东南高速飞行。据报导，在该光盘飞经浙江嵊泗岛上空时，岛上发电厂突然停电，一些人带的机械手表也暂停了，海军航空兵一架

巡逻机曾予追踪，据驻沪海航某部飞行员毛学忠叙述："当夜19时30分，我正驾机在空中巡逻，当飞临长江上空时，突然发现右前方嘉定上空有一个亮得刺眼的飞行物体，我立即加大油门，以900千米时速

与它成110度夹角，紧紧追赶。此时时钟指在19时57分，我边追边观察，发现"目标"在下降，亮点颜色为桔黄色，后面拖着一条螺旋形尾巴。2分钟后，它又变下降为上升，速度比下降要快得多。又过了45秒，仍未能追上它，只好放弃追踪，请求着陆"。事后，海航向中国UFO研究会提供了上述情况。

1992年4月11日晚，驻青岛海军航

空兵某飞行团开展夜航训练，三架教练机、五名飞行员分别在高空不同方位遭遇同一不明飞行物。

中校飞行员陆玉宏与少校飞行员张匡力所驾歼击教练机于17时02分，以航向320度、高度5500米、航速600千米/小时飞往朝连岛上空时，突然发现从飞机后面飞来

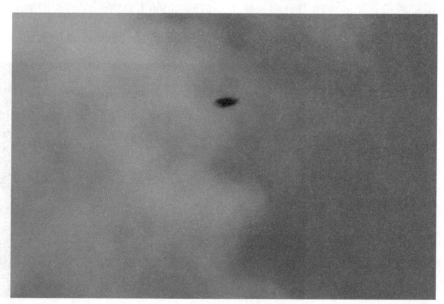

一不明飞行物，陆玉宏立即向地面报告了这一情况，为了避免碰撞，

立即向左转弯、下降高度。据坐在前舱看得真切的张匡力目测，该飞行物有洗脸盆大小、呈椭圆形、四周喷射着红蓝色光焰，尾部有扇形尾光。与飞机同向飞行约6秒钟后，消失在左前方。另一对飞行员中校袁隋忠、少校吴海波，驾同一歼击教练机正以航向160度、

航速800千米/小时，飞行在青岛市南4700米高空。从耳机中听到陆玉宏向地面的报告，回头一看，那家伙正从左后方转过来，转弯动作非常漂亮、灵活，是任何飞机都无法做到的。只见它像玩儿一样，轻轻一拐，就拐到了飞机后侧2000米处。估计高度约在5000米左右、速度约为900～1000千米/小时，形体扁平，飞行规迹十分平稳，无声无息，象个幽灵。伴机飞行6～7秒后，在正前方消失。另一名少校飞行员王亚弟单人驾机以600千米时速、4000米高度，在山东即墨上空由南向北飞，距离较远。听到陆玉

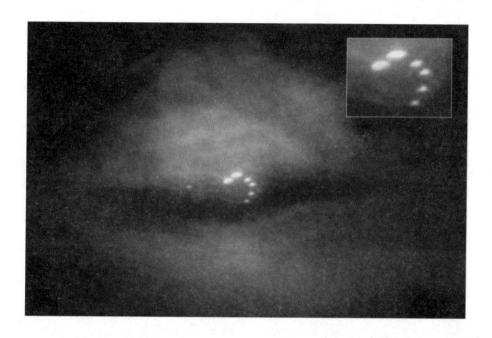

宏报告后，引起注意，也看到了这一不明飞行物正向山东平度方向飞去。形状、颜色、飞行特征与大家所见一样。事后记者又采访了机场地面人员，据称雷达扫瞄无反应，肉眼看到的情况与飞行员所述相似。

1996年3月2日晚22时10分，空军驻云南某部飞行大队正在进行夜间飞行训练。当二大队长董智强带飞行员周利民驾机飞至曲靖市东南7000米高空时，发现正前方20千米处（方位东经104度、北纬25度）有一个1.5米高、0.8米宽的桔黄色不明飞行物在不停地盘旋转圈。董立即用无线电向地面指挥员作了报告，另一架由中队长张侍忠带新飞行员顾荣光的飞机也看到了这一情况。董机曾以时速900千米速度予以跟踪，15秒钟后消失。

3月5日晚22时10分，飞行干事费国显、杨骞驾机飞临6000米上空时，在同一区域的左前方25千米处，再次见到了不明飞行物。

与前次所见不同的是它如排球大，圆形，且不断变换着颜色，先黄、

后红、再白，每变一次色间歇5分钟，最后呈五颜六色状，8分钟后，消失在茫茫夜空中。

1996年7月23日20时17分，

驻河南南阳空军在进行正常飞行训练时，突然发现在东北方向上空出现一雾状火球，中间有较强光点，向东南方向缓慢移动。特级飞行员弋春昌、孟庆海目视该物直径约45～60厘米，飞行高度6000～7000米，当时空中除该部训练飞行外，并无其他飞行活动，至20时20分，该火球改向西北方向移动，至20时25分消失不见。

1998年10月19日晚11时30分，对于多数人来讲很平常，可对于空

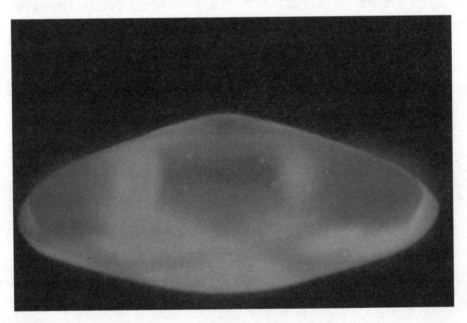

军驻河北沧州某飞行试验训练中心的飞行副团长刘明、飞行大队长胡绍恒来说，可能会终生难忘。他们亲眼目睹了UFO，并驾机追赶至12000米高空。

目标就在机场上空，并迅速向东北方向移动。与此同时，正在机场工作的地面勤务人员发现上空有一个亮点，开始像星星，后来变成了并排的两颗"星"，一红一白，两颗

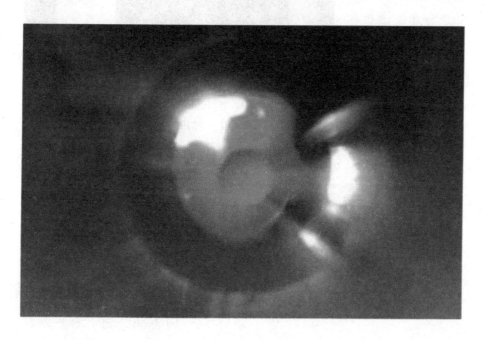

这天，白天飞过5个起落，晚上又参加夜航指挥的李司令员显得有些困倦，收起文件夹正准备下楼休息。

突然，"呜、呜、呜"，一号雷达报警！接着，又有三部雷达报警，空中有一个飞行实体在移动，

"星"还在不停地旋转。渐渐地又并成一颗。"星星"大了，像一个"短脚蘑菇"，下面似乎有很多盏灯，其中一盏较大，不停向地面照射。这是什么？李司令员立即警觉起来。他当即下令查明情况，并向上级汇报，然后请战出击。很快，

航管部门证实，此时没有民航机通过这个机场上空，兄弟单位的夜航训练也已在半小时前结束。"很可能是外来飞行器！"李司令员凭着军人特有的敏感和警惕决定：部队立即进入一级战备。

夜11时30分，标图员报告，

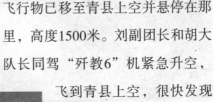

飞行物已移至青县上空并悬停在那里，高度1500米。刘副团长和胡大队长同驾"歼教6"机紧急升空，

飞到青县上空，很快发现了那个不明飞行物，它就像科幻片描述的那样，圆圆的、顶呈弧形、底平，下面有一排排的灯。光柱向下照，边上有一盏红灯，整体形如草帽。

"靠近它！"李司令员命令道。刘、胡二人推动油门，离"草帽"将近4000米时，目标突然上窜。二人立即拉杆跃升。当飞机上升到3000米，发

现目标已飞到飞机的正上方。显然，飞行物上升的速度比飞机更

快。硬拼不如智取。两名飞行员便调转机头，下降高度，佯装离目标而去。那怪物果然尾随而来。飞机突然加力拉起，一个筋斗倒扣，想以此来抢占制高点。但当飞机改平飞时，却发现目标像幽灵一样，早又上升到高于飞机2000米的位置。刘副团长打开扳机保险，套住瞄准光环，请示"司令员，干掉它吧！"，李

司令员沉着地指挥道"不要着急，先看清楚是什么"。

于是他们追呀追呀，可就是追不上那个飞行物，当飞机升至12000米时，目标已上升到20000米高空。这时飞机的油量表指示告警，李司令员果断命令飞机返航，地面雷达继续跟踪监视。当另两架新型战机再准备出击时，不明飞行物不见了。当时地面目击者除地勤人员外，尚有当地群众140余人。

2001年3月22日下午17时55分，驻重庆空军某部正在开饭时，接到雷达团通报："在大足机场以北30千米上空，发现三批分别向北和向东移动的不明飞行物。该部立即于18时02分果断下令："部队进入一级战备状态。"来不及开饭的官兵们当即放下碗筷，迅速进入临战岗位。

指挥部向成都军区空军报告了情况。军区空军首长接到报告下达命令，令雷达团继续监视，判明情况；该部立即派人与地方联系，共同侦察。该部按命令迅速与重庆公安部门进行了联系，共同侦察不明飞行物，并提醒民航部门注意航班安全。

18时20分，在大足机场30度方位、距离65千米处，第一批不明飞行物自动消失；18时47分，向东移动的第二批不明飞行物，在大足机场10度方位、距离65千米、高度3000米处消失；20时00分，经过两个多小时、行程130多千米、且高度忽高忽低的第三批不明飞行物，在南充上空1800米高度处消失。

2002年6月30日晚22时10分，驻重庆空军某部正在进行夜间飞行训练。当一架完成课目的返航战机飞临大足机场上空600米高度时，突然发现在同高度右边400米处，有一架亮着黄色灯的"飞行物"在与他平行飞行。

飞机拐弯时，该飞行物又紧随至他的左边平行飞行。飞行员立即向地面指挥员报告这一意外情况，询问："旁边是否有别的飞机飞行？"指挥员回答："没有。"飞行员心里一紧，迅即驾机着陆。

着陆飞行员尚惊魂未定，而一幅奇异的景观随即出现，空中的"飞行物"突然发出一束锥形光柱，像探照灯一样照射着机场地面……目睹全过程的飞行大队韩教导员事后告诉记者：这一幕平时只有在科幻电影中才能看到，机场上空突然出现的亮光，起先像探照灯向下照射，非常明亮。然后亮光逐渐变淡，最后像一片白云逐渐消

失。整个过程共持续了8分多钟。

着陆或低飞的飞碟，除非担负

着接触或绑架使命者的任务外，一般都不愿接近地球人，不知是因为悄然入侵羞于见人，还是贼胆心虚怕遭捉拿，凡是有目击者主动接近，飞碟不但不表示欢迎，还会弄点小苦给你嚐嚐。由于接近飞碟而被光束击倒或致瘫（定住身体）的案例在西方已屡见不鲜，在中国也有发生。以下是两起低飞飞碟击伤跟踪战士和地面部队围捕着陆飞碟的特殊案例：

1972年10月26日傍晚，驻在湖北十堰市从事某工程建设的某部安装一团三营王殿明，下班后由工地骑自行车回宿营地。骑行途中，猛见前方相距60米处有一"白色物体"从地面徐徐升起，离地约5米高后贴地飞行。该物呈上圆下扁的半圆形，周边有一道菱形的绿色光环，并闪烁着无数彩色光点，在漆黑的夜色衬托下煞是好看。王殿明在好奇心驱使下，加速蹬车，想追上去看个究竟。及至蹬上高坡，看清该物竟有房子那么大，可是"白色物体"对他的友好追踪却并不欢迎，先后两次向他射来刺眼的白色"气流"，将他击下车来，然后加速飞离，瞬息即逝。王受击摔倒后，感觉脸发烫、两腿发软、体温骤升，勉强回到住地，觉得眼不听使唤，口渴饮水，水竟从嘴角漏出，拿镜子一照，发现嘴歪了，眼也斜了，高热全夜不退。当地医院因不明病因，难以对症施治。后经组织批准，转送北京治疗。

1978年6月的一天清晨，一支全副武装的解放军部队驱车拖炮，正向克拉玛依油田地区的一个戈壁草滩全速前进。他们是接到油田总部"发现一银白色不明飞行物在油田区着陆"的报告而奉命前来武装围捕的。据油田总部反映：在戈壁草滩上发现一个银白色、发亮的圆盘形物体，它既无螺旋桨、也无向下喷气的发动机，但却十分灵活，忽而升起、忽而着陆，既无声响、也无烟尘，行动怪异、动机可疑。当部队接近目的地时，还看到该银白色圆盘形飞行器赫然停泊在草滩上，可是当部队作好战斗准备，向"目标"展开队形，包抄合围时，"目标"却骤然腾空飞升，犹似离弦之箭直射蓝天，瞬息登临万米高空，向遥远的天际飞驰而去，转眼便失去踪影。措手不及、一弹未发的指战员，反成了行"注目礼"的"欢送仪仗队"。眼看着"目标"消失，围捕不成，部队只得回营复命。此案因属于军事行动，迄今未对外公布。（本材料系由参与围捕行动者提供给中国UFO研究会资料）

以上仅是已公

布的案例，未公布的案例还要多得多。据军方声称：仅在1996、1997

年两年间，发生在我国西北、华北地区上空的不明飞行物的目击记录就不下百余起。我空军和地面防空部队都对之进行了严密的监控，设防在各地的雷达站一经发现，立即锁定目标，跟踪监测，将活动轨迹

不了，无功而返。依据飞行特征和航拍照片判断，此类不明飞行物均属"实体"飞行器，但决不是目前已知的常规飞行器，空中遭遇也均因无法确认而难以处置，因而给国防安全造成了隐患。中央领导曾多次指示要尽快弄清真相，确保国防安全，为此军方十分关注UFO研究。

记录存案，并及时报告了最高军事当局。为防不测，也曾多次出动歼击机、高空侦察机紧急起飞，进行追踪观察。但都因追赶不上、靠近

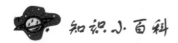
知识小百科

为什么飞碟都是圆圆扁扁状？

飞碟是一个最神秘的航具，也是一直困扰着人类的不解谜物。它飘忽来、飘忽去，不留痕迹的神秘行径，加上它出现时的各种独特功能，不禁让人怀疑它是否为另一文明的产物。也正是由于它的出现，开启了人类与外星智慧文明接触的憧憬。

暂不论到底是否真有外星人操纵的飞碟存在，就整个宇宙空间与星际交通的考量，以至星球地表的勘察功能上，我们可以来探讨飞碟可能的外形特征与动力原理。

有很多人问："为什么飞碟都是圆圆扁扁状？而且以碟盘状者居多？"这个问题一语道破了飞碟"外形特征"的问题，我们可以从这个角度来切入探讨飞碟的功能性与动力原理。当然，根据目击者所述来看，飞碟的外形还有

很多种，就像飞机一样，也有各种式样。而且其外形与动力方式，必定依其飞行环境与功能之不同而有所差别。

因此，回答以上问题可从以下几点来考虑：飞碟的动力方式，有别于一般飞机的单向推进方式，而是万向推进方式，因此航具本身无需分"头"与"尾"之别，最佳的外形应为圆球形，才能四面八方、上下左右任意飞行；但考虑此航具需在大气层内，甚至在地表面飞行，需考虑大气阻力及星球重力问题，因此采用流线形设计，但这样就牺牲了其"上"与"下"方向的高速能力，所以使用扁平外形以维持在大气中的灵活性；又为了在地表登陆时有更好的稳定性，

因此底盘需比顶部较为平坦以便能停放地面。因此，较佳的外形自然采用碟盘状。也是因为此形较适合进入地表飞行，所以被人目击的机会自然为高。而其他型式的飞碟可能大多在高空或大气层外出现，不容易被人发现。

◆ 其他UFO事件

历史上有记载的UFO目击事件确实不少，相信还有很多没有被记载下来的，由于当时科学水平尚不发达，人们对此无从解释，更多的是归于神鬼传说之类的迷信。而最近几年，媒体的追击使越来越多的UFO事件呈现在公众面前。近年来，中国内地经常出现UFO目击事件，对此人们议论纷纷，各执已见。

1994年11月30日，贵阳郊区贵阳北郊都溪林场，长达3000米的树林，一夜间突然全部在同一高度被折断，目击者形容当时天空出现强光，并听到如火车行走的隆隆巨响。

1995年7月26日，辽宁省阜新市上空12人称目睹脸盆大小、带云雾状光环的不明飞行物体在空中移动。同日，广西西部4个县天空发现不明飞行物，直径两米左右，整个形状很像弯月捧太阳，并带扇形光环。

1995年10月4日，中国东北地区上空4架飞机的驾驶员通报称，在天空同一位置发现不明飞行物体，呈白色椭圆形，有人说不明飞行物会由白变绿色，还有人说不明飞行物呈红色及黄色。

1996年8月25日，厦门上空出现两个环状发光不明飞行物体，被船员用摄录机拍下。

1996年10月9日，石家庄机场上空9600米处，南方航空波音757客机由北京飞武汉途中，被一不明物撞击，驾驶舱前方的双层挡风玻璃被撞，飞机返回北京机场安全着陆。

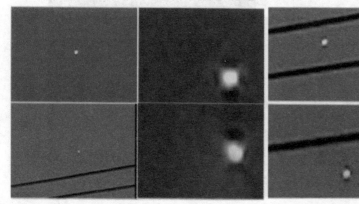

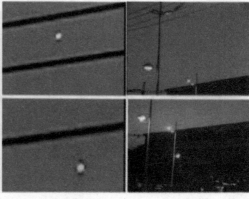

此间，除了都溪林场事件之外，1997年广州发现所谓的"不明飞行物体"，给人留下深刻印象。

一小时才消失。综合各目击者所述资料来看，该不明飞行物体首先在23日晚上7时45分被发现，最后在

1997年12月23日，广州发现不明飞行物体。有多人报称目睹一个状似碟形的发光物体，由暨南大学上空向五山地区移动，持续飘行近

8时40分左右消失，其外形扁平椭圆，通体透明、发白光，飞行物上部还依稀可看到一排窗口，据形容它的宽度与一座楼宇相若。广州发现UFO引起市民议论纷纷，虽然有人言之凿凿，但有人则怀疑是军队在试验新型战机，亦有人指可能只是娱乐场发出的探射灯或激光（雷射）引起误会。

就读于广东华南理工大学建筑工程系三年级的男生罗某声称，他

曾亲睹该不明飞行物体，呈白色偏黄，初时见到还以为是圣诞灯饰，后来才怀疑是UFO，慢慢由暨南大学上空向东圃方向移动后消失。当晚，广州《羊城晚报》先后接到多名目击者的电话，描述发现UFO的情形。首先有华南农业大学学生海东致电广州的报社，报称正目睹天空上有一发光体，四周有红光，怀疑是不明飞行物。

同年10月至12月，北京郊区上空有人报称先后9次发现天空有螺旋状发光不明飞行物体，呈淡黄色，中心有一亮星状核闪烁，外围有雾状、光晕。

2002年，中国多个地方报告出现了"不明飞行物"。据《江南时报》报道，2002年6月30日晚，中国多个地方出现了所谓"不明飞行物"。驻渝某航空部队一飞行员在驾机飞行时竟发现一飞行物与他平行飞行；当时不少机场官兵仰首观望到了这一突然而至的"天外来客"。

国外UFO事件

◆ 华盛顿UFO事件

（1）华盛顿机场遭遇"神秘来客"

1952年7月19日晚上，华盛顿国际机场的管制中心空荡荡的，值班的指挥官很悠闲地眺望着夜里机场上的导航灯。大约是 11点40分，管制官艾德华·诺杰特在一直没有任何异样的雷达荧幕上，看见了7个光点。这不是从雷达的扫射范围外徐徐靠近的，而是直接成群地出现。艾德华·诺杰特开始还认为是哪里出了毛病所造成的机器故障。但是他又想，不管是什么种类的飞行物体，都不可能突然从雷达的扫描范围的中心区域直接出现。

当飞行物体侵入雷达的扫描范

围时，一定会先从边缘描绘出一道连续的轨迹，如果不是的话，那只

有从遥远的大气层急降下来，或是从地面上垂直升起两种可能而已。紧盯着雷达说不出话来的诺杰特指挥官，紧接着又看到了令人诧异的一幕。7个光点中的两个骤然停止了移动，然后就好像被什么东西吸食掉似的，从雷达的荧幕上消失了。

光点出现的方式异常，又以令人难以置信的速度和方式消

失，这些都让诺杰特感到事情非同小可，于是他赶快叫来了在邻室待命的庞兹主任，并指给他看雷达上谜样的光点。庞兹又叫了另外两个值班的指挥官，4个人聚精会神地看着雷达。映入他们眼帘的光点的移动实在是奇怪到了极点，这些光点不但无视飞行守则而迂回飞行，而且速度快得不像话。当你以为它要以极快的速度往扫描范围外冲去时，它又会突然出现在扫描范围的中心点，令人诧异不已。

庞兹以电话通知距离不到1000米、毗邻的华盛顿机场的管制塔台有关不寻常光点的事。这时，华盛

顿机场也同样在雷达上观测到光点。这个怪物群亦出现在安德鲁兹

空军基地的雷达上。基地的官员安杜路斯对照出怪物群在雷达上的位置后，便以肉眼去找天空上怪物群的位置。于是他看到那里有3个如鬼怪一般的发光飞行物体，正在以极快的速度滑行。

在安德鲁兹空军基地，从雷达上光点的移动，计算出它的飞行速度。它们刚开始的速度只有200千米左右，像直升机一样低速前进，突然却增加了速度，以时速11700千米的疯狂速度，向北方飞驰而去。

（2）白宫上空的领空被侵犯

谜样的飞行物体的目击者，不只有机场的指挥官和基地的官员。

在这附近飞行的客机上的服务员和乘客，也都亲眼目睹了这群飞行物。其中一架飞行物，还追在一架欲降落的客机后面，好像在威吓客机似地从后面追逐。这些不明飞行物体，除了在整个华盛顿的雷达上作怪以外，还在"除了紧急时刻以外，否则不得在其上飞行"的白宫和国会的上空，大摇大摆地侵入，任意来去。

时针已指到12点了，紧盯着雷

达荧幕的华盛顿指挥官，不敢松懈或稍事休息，仍全神贯注地注意飞行物体的动向。这些东西的动向简直令人捉摸不定，随心所欲。仍然一直注意雷达荧幕的庞兹发现，这些迅速移动的不明飞行物，似乎是有意挑衅。

这时，和庞兹一起监视雷达荧幕的指挥官发现，飞行物体又开始追逐飞行中的首府航空机。因此庞兹便和首府航空机的

机长以无线电联络，请皮尔曼机长看清追在后面的飞行体的全貌。接到通知后的皮尔曼立刻变更航线，往庞兹指示的方向飞去。接着他看到了"装备着好几个明灯的飞行物体"，以极猛的速度作水平飞行。但是在下一秒钟，这些飞行物体突然紧急煞住，然后以令人不可置信的速度垂直上升，就在这一瞬间从空中消失。就在这个时候，所有的飞行物体都一齐从华盛顿所有的管制塔的雷达中消失了。

（3）戏弄F-94战斗机

但是，这件事并没有就此告一段落，在不明飞行物停止追逐首府

航空机并离去之后，它们又再度大胆地出现在雷达上。

东方天空已渐渐露出鱼肚白，派出搜索不明飞行物的战斗机才停止地毯式的搜索，返回机场。这时候，好像就是在等待这个机会似的，先前那些飞行物体又再度从空而降，不久又在四周飞行打转示威。夏天的晨曦，将华盛顿染成一片金黄色，此时是凌晨5点。

只要看雷达上他们嚣张的姿态，便可知道他们那逐渐透露的示威意图。其中有一个物体以非常快的速度滑动着，突然以相反的方向继续前进，以我们的科技来说，这根本无法办到。这些飞行物体到底是用什么方法，居然能不受空气阻力和地心引力的影响，实在叫人想不透。飞行物体的花招不仅这些，它们还能很轻易地做出垂直或水平的瞬间移动，并且在荧幕上表演突然出现又突然消失的把戏。机场和基地的控制中心早已束手无策，只有旁观的份。

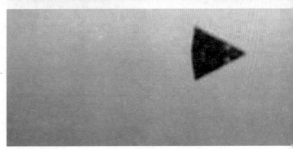

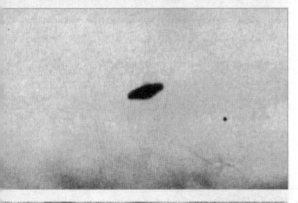

一周后，它们再度出现在华盛顿的上空。新闻记者们为了确定事情的真相，纷纷采访空军情报部。但是情报部的回答都是以"没有耳闻目击事件"搪塞了事。因此翌日的报纸都刊载"迎击的战斗机，在华盛顿上空追踪会飞的圆盘！"同时附上"空军拒绝对此作一说明"的报道。正当空军情报部、传播媒体众说纷纭，闹得不可开交时，也就是在事情发生整整一周后的7月26日晚上，华盛顿的上空，再度出现和上次一样谜一般的飞行物体。

这次的飞行队伍似乎要把整个华盛顿市包围住似的，在空中排成了一个连接汉德、巴基尼、阿诺德3个空军基地的半圆形弧线，此时为晚上9点30分。

这次美军对不明飞行物体所采取的反应非常迅速。以华盛顿的机场为首，这一地域的机场管制塔台都在追踪雷达上的光点，而在这一区域内飞行的飞机，也不断地和控制中心保持联络，交换飞行物体的行进资料。

也不能解释光点究竟代表着什么意义。这些在雷达上闪烁的光点，只不过是一种无法辨识的标识，不足以为证据，而这些做为标记的光点，也有愈来愈多的趋势。

华盛顿机场的控制中心走廊上，挤满了蜂拥而至的采访记者，人声嘈杂。他们挤在雷达室的门口，并向中心发布消息，以便得知到底发生了什么事。

华盛顿机场的控制主任庞兹，决定采取坚定立场。

机场这方面到底是要维持现状，只在雷达上观测飞行物体的动向就好，还是应该要采取任何积极的应变行动？但是，不管采取怎样的积极措

控制中心的发言人艾尔区普，竭力要使激动的记者安静下来。事实上，发现雷达上的光点的指挥官们，

施，都应依照政府的指示。

在白宫聚集了海陆空三军的高级将领，正在讨论该对这飞行物体采取何种举动，并且不断地慎重考虑有关细节；例如，能允许受命出动迎击的队伍作何种程度的追击，在某种情况之下将对方击落，是否可行等问题，都一再被磋商。

杜鲁门总统也对空军情报部下达了"不管发生了什么事，都须尽快使事情明朗化"的命令，绞尽脑汁要究明真相。总统还亲自拿起话筒，打电话给有名的物理学家爱因斯坦。

爱因斯坦的回答非常稳健。他说，对一未知的物体，我们无法了解它的科学技术到达何种程度，故胡乱引发战火是非常不智的，绝对要避免。

杜鲁门总统将他的意见列入考虑，和军方的高级官员慎重研讨之后，终于下达派机迎击的命令。

可是要求迎击飞机，若非是对方展开攻击，绝不可主动开火，派出飞机的目的，是要调查飞行物体究竟为何物而已。

于是，凌晨2点40分，和上回一样的两架战斗机向飞行物体的方向出发。可是飞行物体又再度被黑暗吞噬了，战斗机只能在那区域里四处乱窜，盲目搜寻。两架战斗机在空中大致盘旋了一下之后，就返

这些飞行物体是由某种不知名的物质所形成,绝不是地球上的某种交通工具。不久,这群飞行物体便拉开和战斗机的距离,从雷达上消失了。

飞行物体消失之后,在地面上的采访记者群,就向情报部询问,到底军方调查出那些飞行物了没有。于是在7月29日,举行了战后一个最长的记者招待会,空军的情报部长强桑佛在会

回基地。一回到基地,那些飞行物抓到机会,又再度出现在雷达的扫瞄范围内飞来飞去。

于是,战斗机又再度受命出发。这次当战斗机飞到华盛顿上空时,那些飞行物体似乎没有想要消失的意思。迎击的飞机,在经过数分钟似乎是永无止尽的追逐赛跑后,飞行员了解到要追上它们简直是不可能的事。他们确定

中说明，那些飞行物体群，只不过是受气温逆转层的影响，而在雷达上反射出来的光点而已。

于是在隔天的报纸上便刊载了"空军断定在空中飞的圆盘是自然现象"的新闻。可是记者都还是认为，这个结论是虚构的，不仅大部分的记者如此认为，其他如F-94战斗机的飞行员和雷达指挥官也都如此认为。

他们确信自己观测到的飞行物体是坚硬的固体物质，而非光线。可是空军为了避免引起恐慌，便采取了这样的权宜之计。在此附带一提，据气象局的资料显示，事发当天的气温逆转层，并未达到会在雷达上反射出光点的温度差点!

◆ 通古斯大爆炸

通古斯大爆炸，是指1908年6月30日上午7时17分发生在俄罗斯

西伯利亚埃文基自治区的大爆炸。爆炸发生于俄罗斯帝国西伯利亚森林的通古斯河附近、贝加尔湖西北

方800千米处，北纬60.55度，东经101.57度，当时估计爆炸威力相当于1000～1500万吨TNT炸药，超过2150平方千米内的6000万棵树焚毁倒下。

当时在贝加尔湖西北方的当地人观察到一个巨大的火球划过天空，其亮度和太阳相若。数分钟后，巨大的蘑菇云腾空而起，天空出现了强烈的白光，气温瞬间灼热烤人，爆炸中心区草木烧焦，70千米外的人也被严重灼伤，还有人被巨大的声响震聋了耳朵。不仅附近居民惊恐万状，而且还涉及到其他国家。英国伦敦的许多电灯骤然熄灭，一片黑暗；欧洲许多国家的人们在夜空中看到了白昼般的闪光；甚至远在大洋彼岸的美国，人们也感觉到大地在抖动……

这个爆炸被横跨欧亚大陆的地震站所记录，其所造成的气压不稳定甚至被当时英国刚发明的气压自动记录仪所侦测。在美国，史密松天文物理台和威尔逊山天文台观察到大气的透明度有降低的现象至少数个月。

通古斯爆炸事件距今已届满一

世纪，目前当地的森林与生态环境已恢复。此事件与3000多年前印度

的死丘事件及1626年5月30日北京的王恭厂大爆炸并称为世界三大自然之谜。

当时俄国的沙皇统治正处在风雨飘摇之中，无力对此组织调查。人们笼统地把这次爆炸称为"通古

斯大爆炸"。由于没有找到任何陨星残骸，科学家当时得出结论认为是一颗彗星的核心或一颗小行星发生了爆炸。十月革命后，苏维埃政权于1921年派物理学家库利克率领考察队前往通古斯地区考察。他们宣称，爆炸是一次巨大的陨星造成的。但他们却始终没有找到陨星坠落的深坑，也没有找到陨石。只发

现了几十个平底浅坑。因此，"陨星说"只是当时的一种推测，缺乏证据，库利克又两次率队前往通古斯考察，并进行了空中勘测，发现爆炸所造成的破坏面积达20000多平方千米。同时人们还发现了许多

奇怪的现象，如爆炸中心的树木并未全部倒下，只是树叶被烧焦；爆

炸地区的树木生长速度加快；其年轮宽度由0.4～2毫米增加到5毫米以上；爆炸地区的驯鹿都得了一种奇怪的皮肤病——枣癞皮病等等。不久二战爆发，库利克投笔从戎，在反法西斯战争中献出了宝贵的生命。前苏联对通古斯大爆炸的考察，也被迫中止了。

二战以后，前苏联物理学家卡萨耶夫访问日本，1945年12月，他到达广岛，四个月前美国在这里投下了原子弹。看着广岛的废墟，卡萨耶夫顿然想起了通古斯，两者之间显然有着众多的相似之处：

爆炸中心受破坏，树木直立而没有倒下；爆炸中人畜死亡，是核辐射烧伤造成的；爆炸产生的蘑菇云形相同，只是通古斯的要大得多；特别是在通古斯拍到的那些枯树林立、枝干烧焦的照片，看上去与广岛上的情形十分相似。因此，卡萨耶夫产生了一个大胆的想法；他认为通古斯大爆炸是一艘外星人驾驶

的核动力宇宙飞船，在降落过程中发生故障而引起的一场核爆炸。

性变异等情况，也与美国在太平洋岛屿进行核试验后的情况相同。

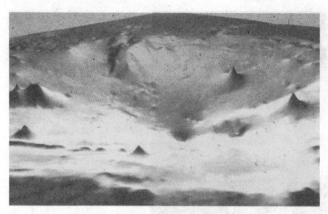

此论一出，立即在苏联科学界引起了强烈反应。支持者和反对者不乏其人。索罗托夫等人进一步推测该飞船来到这一地区是为了往贝加尔湖取得淡水。还有人指出，通古斯地区驯鹿所得的癞皮病与美国1945年在新墨西哥进行核测验后当地牛群因受到辐射引起的皮肤病十分近似，而通古斯地区树木生长加快，植物和昆虫出现遗传

上世纪五、六十年代，苏联科学院多次派出考察队前往通古斯地区考察，认为是核爆炸的人和坚持"陨星说"的人都声称考察找到了对自己有利的证据，双方谁也说服不了谁。对于没有找到中心陨星坑的情况，有人认为坠落的是一颗彗星，因此只能产生尘爆，而无法造成中心陨星坑。

1973年，一些美国科学家对此提出了新见解，他们认为爆炸是宇宙黑洞造成的。某个小型黑洞运行在冰岛和纽芬兰之间的太平洋上空时，引发了这场爆炸。但是关于黑洞的性质、特点，人们所知甚少。"小型黑洞"是否存在尚是疑问。因此，这种见解也还缺少足够的证据。通古斯大爆炸之谜至今仍未解开。

而现在关于这一谜团又有了新说法：是UFO撞击彗星引发了西伯利亚大爆炸。这一说法是俄罗斯科学家尤里·拉夫宾提出的，他花了整整10年时间研究通古斯大爆炸之谜。拉夫宾是当地"通古斯空间现象"基金会的会长，他召集了15名热心此事的地质学者、化学家、物理学者和矿物学者组成了一个科学家小组，从

1994年开始就定期在爆炸发生地区进行探险考察。现在，拉夫宾认为自己已经接近解开上个世纪最大的科学谜团了。

最后此事件的结论为：1908年，一颗彗星与一个神秘飞行物在距克拉斯诺亚尔斯克地区10千米的上空相撞导致了那次威力强大的爆炸。

证据一：

黑色奇石=外星飞行器残留物

拉夫宾和他的科学家小组表

示，他们在通古斯河流域进行考察时，在两个村庄之间发现了两块奇

怪的黑色石头。这两块石头都是棱长为1.5米的规则正方体。

拉夫宾说，这两块石头"明显不是自然物质"，看起来像是曾经被火烧过，而且"石头的原料是制造太空火箭的合金，而在20世纪初，只有飞机使用这种原料"。因此，拉夫宾认为这两块方方正正的石头是外星球飞行器的残留物，同时他也承认还需要对石头进行进一步的分析。

——证据二：

白色巨石＝彗星核心部分

此外，拉夫宾还发现，在被炸毁的森林中央峭壁顶端，有一块"农民小棚屋"大小的白色巨石。他说："当地居民把这块白色巨石称为'驯鹿石头'。它由水晶物质构成，而水晶物质并非这一地区的典型物质。"因此，拉夫宾认为白色巨石是彗星核心的一部分。

拉夫宾还在努力寻找新的"论据"。目前他正在制作这一地区的卫星照片。这些照片将显示出不

明飞行物留下的"脚印"（狭长的湿地和湖泊）和彗星的"脚印"（被毁的森林、树木、岩石）。此外，还有一个直径达到500米的陨石坑。

但是，拉夫宾的研究结果并未使其他科学家信服。俄罗斯科学院陨星委员会的安娜·斯克里普尼克就提出质疑说："许多业余爱好者都曾组织起来对通古斯大爆炸地点进行考察。而在西伯利亚，石油地质学家经常发现各种各样的不同飞行器碎片。"

通古斯大爆炸究竟是不是拉夫宾说的那样是UFO撞击彗星引起的，暂时还没有真正确凿的证据，所以至今仍然是个谜团。

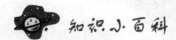

知识小百科

世界三大自然之谜

人类历史上曾发生过许多惊心动魄的灾难，但其中最著名的要数被

称为世界三大自然之谜的印度死丘事件、通古斯大爆炸和北京王恭厂大爆炸。这三大事件发生的原因引起了人们的浓厚兴趣，科学家也进行了深入研究，但至今仍是莫衷一是。

印度死丘事件：1922年，印度考古学家巴那耳季，在印度河的一个小岛上发现了一片古代废墟。从遗迹上看，这里原来是座城市，好像是在3500年前的某一天突然毁灭的。这里究竟发生了什么事？多年来人们对此一直迷惑不解，所以就给这座城市取了

个奇怪的名字——莫恒卓达罗，译成中文就是"死丘"。

通古斯大爆炸：1908年6月30日在俄罗斯西伯利亚森林通古斯河畔发生的大爆炸。当地人们在听到一声巨响之后，就看到

巨大的蘑菇云腾空而起，天空出现强烈的白光，气温瞬间灼热烤人，爆炸中心区草木都被烧焦，70千米外的人也被严重灼伤，还有人被巨大的声响震聋了耳朵。附近居民惊恐万状，并且这次爆炸也波及了世界其他国家，甚至接下来的几个星期时间里，欧洲和西伯利亚部分地区的夜空仍很光亮，以致那几天夜里根本无法观察天体。

北京王恭厂大爆炸：公元1626年5月30日上午9时（即明熹宗天启六年五月初六巳时），位于北京城西的工部王恭厂火药库发生了一次离奇的大爆炸事件。这次爆炸的半径约750米，

面积达到2.25平方千米。

《天变邸抄》对这次灾难的描述是："天启丙寅五月初六日巳时，天色皓洁，忽有声如吼，从东北方渐至京城西南角，灰气涌起，屋宇动荡。须臾，大震一声，天崩地塌，昏黑如夜，万室平沉。东自顺城门大街，北至刑部街，西及平则门南，长三四里，周围十三里，尽为齑粉，屋以数万计，人以万计。……王恭厂一带糜烂尤甚，僵尸层叠，秽气熏天……"

◆ 外星人和地下城镇

俄罗斯《真理报》报道，一些有名望的科学家和作家相信，在地球内部，有着一些不为人知的地下城镇，在这些城镇中，住着一些来自外星球的生命体。

报道说，首先提出关于地下城镇说法的是美国一名颇有声望的科学家兼记者作家的理查德·沙弗。

他在1946年通过调查研究，在美国《惊异事件杂志》上提出了这个说法。沙弗说，他曾经有过几个星期的亲生经历，与住在地下城镇中的外星人打交道。这些长相似魔鬼的外星人是些不可思议的天才，在人类出现前就已经定居在地球上了。他们非常聪明，受到非常高等的教育。他们所有的生活习惯与人类没有一丝相似，用他们的话说就是"不屑与人类相同。"

其实早在17世纪，英国天文学家爱德蒙德·哈雷、著名作家朱尔斯·凡尔纳爱德加·艾伦·坡和其他一些有名的作家在他们的作品中都曾提到关于地球是一个内部有着洞穴的球体的说法。

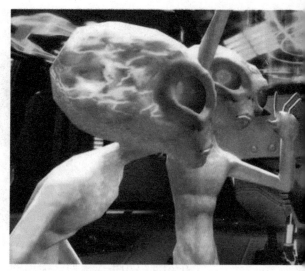

据悉，早在1963年，有两名美国煤矿工人在挖煤时，发现了一条地下隧道。他们循着隧道一直斜着向下走，最后在隧道的尽头发现了一扇巨大的门。推开门后，他们发现了一个大理石楼梯。出于害怕，这2名煤矿工人没敢再向下走去。而几乎在同一时期，在英国，几名煤矿工人在挖掘一条隧道时，听到地底下传来机械装置运动的声音。一名矿工称，他们还发现一个通向地下井的楼梯，走到楼梯口时，机械装置运动的声音变得清晰。之后，这些以为遇鬼的工人吓得逃离了隧道。等他们喊来大量工人，准备探个究竟时，楼梯和通向地下井的入口都消失得无影无踪了。

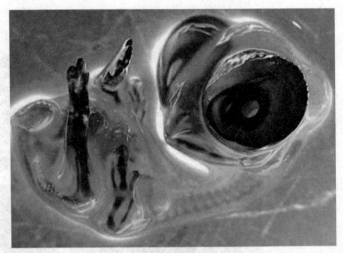

声和呻吟声。之后，这些考察者在洞穴中发现了一些人类的骨架。但是，由于洞穴中有着大量的硫磺味道，他们停止了更进一步的探险。

一些地质学家认为，地下世界所谓的居民并非地球人类，因为在地下洞穴中温度极高，又缺乏氧气，人类是不可能生活在地下的。唯一的解释就是，住在地下的居民是来自地球以外的外星人。这些存在于地球上的外星人可能对于人类无止尽的战争和暴力感到厌倦，于是搬到地下生存。他们在地下可以一边发展自己的科技，一边观察地面上人类的发展情况。但是，也有一些科学家认为，这些居住

在20世纪70年代末期，美国的一个人造卫星曾拍摄到一些有趣的图片，这些图片显示，在北极地区地底深处，存在着一个黑暗的、有规律的成形场所。

最近，美国人类学家詹姆士·麦肯纳和他的同事考察了美国爱达荷州的一个以邪恶闻名的洞穴。他们在这个洞穴的几百米深处听到了尖叫

在地球上的外星人可能是居住在地下第四度空间。随着地球磁场的不停变化，通向第四度空间的入口会在某个时刻打开。

◆ 罗斯威尔事件

举世瞩目的罗斯威尔事件是指1947年在美国新墨西哥州罗斯威尔市发生的UFO坠毁事件。至今，本事件仍没有一个详尽的说法，而美国政府也一直未能解释清楚，所以常有两极化的看法。然而，发现地点罗斯威尔则被UFO研究者推崇为UFO的其中一块"圣地"。

1947年7月4日夜晚，美国新

墨西哥州的罗斯威尔遭遇了一场罕见的大雷雨，突然发生了不明物体坠毁事件。住在距罗斯威尔西北方120千米的一个农场主人麦克·布莱索听到一声比雷声还大的爆炸巨响，7月5日他发现散布在农场约400米范围的许多特殊的金属碎片。7月6日，他带着金属碎片交给罗斯威尔警长，然后向军方报告，并转交给空军基地。7日，布莱索带着杰西·马西尔少校和另一个军官到现场检视，并装载一大堆东西带回基地检验。

7月8日，在距满布金属碎片的布莱索农场西边五公里的荒地上，住在梭克罗的一位土木工程

100~130厘米，体重只有18千克，无毛发、大头、大眼、小嘴巴，穿整件的紧身灰色制服。同一时间，美军马上进驻发现残骸的两地，封锁现场。

军方公关部军官瓦特·韩特向当地两家电台和两家报社发布一篇新闻稿，罗斯威尔《每日纪事报》

师葛拉第发现一架金属碟形物的残骸，直径约9米；碟形物裂开，有好几个尸体分散在碟形物里面及外面地上。这些尸体体型非常瘦小，身长仅

于7月9日以头条新闻刊载，宣称空军军方发现飞碟，坠落罗斯威尔附近的布莱索农场，而且被军方寻获。军方人员表示这个坠落物已被发现，正在接受检查，并将送到俄亥俄州作更进一步的检查。这一则消息引起各界的好奇，马上传达至

各地，引起极大的轰动。

但是，6小时后军队指挥官乔治·雷米将军接手负责这个事件，他给马西尔少校一些气象球的碎片，急忙安排一个记者招待会，将军说他的军官犯了错误，根本没有飞碟这回事。坠毁的物体只不过是带着雷达反应器的气象球而已，推翻了以前的说法，这件事情到此就结束了。稍早时候，广播电台的经理朱·罗伯兹也马上接到华盛顿来的命令："不得播报

这则飞碟的消息"。因此，隔日报纸特别提出澄清，坠落的不明物体是一个气象球，而不是外星来的飞碟。

由于事件转变得太快，使大众不禁怀疑其中是否有隐情？所以每个人都相信气象球的说法是经过修正后的声明，到了1997年，美国军方再辩称所谓的外星人只是做为飞行弹跳测试用的假人，但世界各地的人都认为只是再一次的隐瞒。

事件发生后，美国蓝皮书计划正式面世，目的是重新处理UFO资料、档

全和特别项目监理的部长理查·韦伯个人的名义，发表了一份题为《空军有关罗斯威尔事件的调查报告》的文件，该文件是应新墨西哥州选出的议员史帝文·希夫的请求，在对有关罗斯威尔事件各种原始资料进行调查之后，由美国空军负责起草的。

案，并为此建立机密级别；然后送到美国国家档案管理局，方便储存。计划原意是压抑民众对UFO的意识，并制造飞碟乃无稽之谈的烟幕，尽量减轻UFO浓烈色彩。不过罗斯威尔事件后，人民对外星生物、UFO更有兴趣，令研究人数急增。

1994年9月8日，美国空军以负责内政安

该报告除推翻了UFO派认为在罗斯威尔发现的坠落物是外星人飞行器这一说法之外，首次透露了该

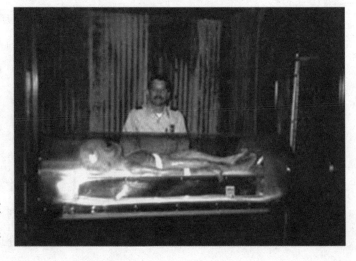

事件和当时是一项被视为高度机密的侦察苏联核试验计划有关。

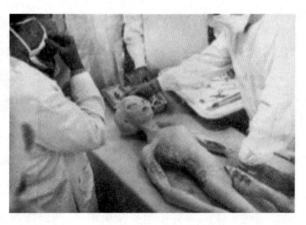

对于认为是外星飞行器的说法，该报告这样写道："在本次调查中，没有发现任何证据可以表明，1947年发生在罗斯威尔附近地区的事件，和任何一种地外文明有关。"根据当时记录，1947年7月美国陆军航空兵罗斯威尔基地的情况一切正常，并没有异常调动或进入紧急状态。

该报告透露，空军在1994年2月间所做的调查发现，纽约大学

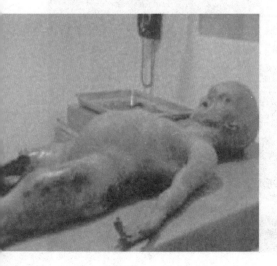

的一个研究小组，1947年6、7月间曾在现场附近的阿拉莫戈多陆军航空兵基地以及怀特桑靶场，进行施放高空气球的试验。这一活动涉及当时属于国家机密的（优先级一A），代号为Mogul project，当时是打算利用高空气球探测苏联核试验所产生的冲击波。

报告具体介绍了该计划的详情。"当时，由于苏联边境处于封闭状态，美国政府始终致力开发远距离侦察核爆的技术，1945年，哥伦比亚大学教授莫里斯·尤恩博士，向斯帕兹将军建议，作一种尝试，可利用气球来探测核爆炸所产生的低频声波。这一建议被采纳

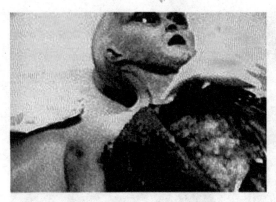

达靶标及用于音响传感器的螺旋浆等实验装置。这些装置都不进行回收，早期的雷达靶标都委托玩具商或广告礼品商生产，靶标大都的铝箔制作，为增加强度，有些还添加了软木横梁，并用醋酸纤维胶布粘合。

后，纽约大学的研究小组受命负责研制高空气球和遥测装置，哥伦比亚大学的一个小组则负责试制音响传感器。"

当时，试放了许多用氯丁橡胶制成的高空气球，气球下悬挂著雷

有关专家认为，曾经在罗斯威尔事件中被视作飞碟残骸的"铝纸片、损坏的大梁、以及气球橡胶碎片"等物，极有可能就是上述高空气球的残骸。另据资料记载，1947

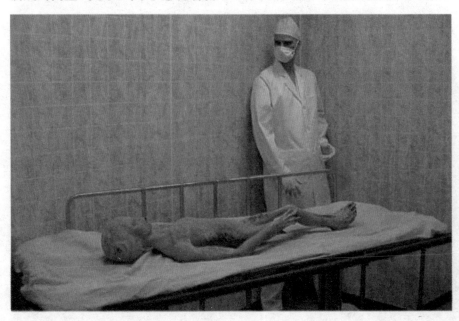

年6月纽约大学的研究小组施放过一只代号"飞行器四号"的探空气球，事后没有进行回收。

该报告最后做出如下结论："所有可得到的资料显示，并没有涉及罗斯威尔事件本身。但是从罗斯威尔牧场回收的残骸，极有可能来源于Mogul计划所施放的气球。

"在本次调查中，空军没有发现列米将军在记者会上试图让人相信是气象观测气球的书面文件，但是列米将军本人承认知道Mogul计划。"至此，被人沸沸扬扬研究了近50年的罗斯威尔飞碟事件，终于揭开了神秘面纱。人们终于发现，被回收的物品其实极为普通，但是使用的目的因为属于高度机密，所以官方当时无法向大众说明。

但是尽管如此，还是有人认为罗斯威尔事件是真的。UFO研究者们相信，1947年美国新墨西哥州罗斯威尔UFO坠毁事件中坠毁的东西，显然是一架外星飞碟。米切尔接受采访时对此进行了证实。

"登月第6人"——现年77岁的埃德加·米切尔博士是美国"阿波罗14号"登月宇航员，同时也是第6个登上月球的人类。米切尔之前接受美国Kerrang! 广播电台采访时披露，在他的宇航员生涯中，UFO曾经多次造访地球，但外星人和地球人的每一次"第三类接触"事件都被NASA隐瞒了下来。

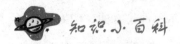

阿波罗14号

阿波罗14号是美国国家航空航天局的阿波罗计划中的第八次载人任务，是人类第三次成功登月的载人登月任务。这次任务使用的是土星5号SA-509运载火箭，载有艾伦·希帕德、斯图尔特·罗萨和埃德加·米

切尔三位主要宇航员。发射事件为1971年1月31日世界时间21：03：02，发射地点为佛罗里达州肯尼迪航天中心LC 39A，登月时间为1971年2月5日世界时间09：18：11。于1971年2月9日世界时间21：05：00降落在南纬27度1分，西经172度39分位置。整个任务时间为9天0

小时1分钟58秒。这次任务还有三位替补成员：尤金·赛尔南、罗纳德·埃万斯和约瑟夫·恩格。他们同样接受了任务训练，目的是为了在主力成员因各种原因无法执行任务时进行接替。

◆ 苏联证实UFO

1983年7月14日傍晚8时左右，苏联中亚吉尔吉斯加盟共和国咸海东侧索斯诺夫卡村的村民们目睹了一次大规模的奇异现象，并一个个惊得目瞪口呆。当时，一个火红的发光体突然出现在天空，将群山、村庄照亮。几秒钟后，空中传来几声巨响，爆炸声震动山谷，天空一片紫红，异常耀眼。

苏联与中国新疆接壤区域的边防军立即派出军队对边界进行严密监视。

当晚伏龙芝市又出动3架军用

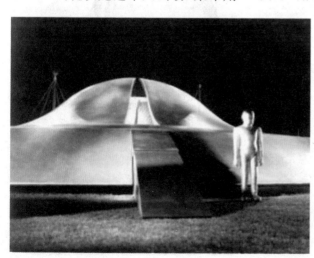

直升飞机，用强大的探照灯将索斯诺夫卡村一带照得亮如白昼，并封锁了它的空域。空军发现，在山村一片空地上有一堆冒着烟火的残骸。待天明不久，军人们找到了那堆仍然烫手的黑色灰烬。此事惊动了伏龙芝新闻界和军政当局。

苏联军队立刻将该村和周围山地严密包围。事件发生24小时之后，有消息说，出事的飞行物很像几个月前飞越苏联上空的那艘宇宙飞船。

7月15日晚10时，一支部队进入该村东南4000米的一个山谷，他们得到报告，一个牧羊人看见天上又掉下来一个东西。两架直升飞机立即向牧羊人报告的地点飞去。

边疆军区佐尔达什·埃马托夫上校也乘车赶到现场进行实地调查。上校看见了一个椭圆形的金属物体，它的长、高、宽均在1.5米左

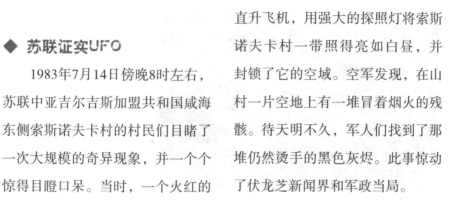

右。金属球体下部有短而粗的支
脚，还有一个反推力制动装置，物
体上部有一扇紧闭关的门。军事专
家们用仪器探测了这个物体，结果
表明球体内没有炸弹。

凌晨3时，上校命令打开球体
的门。当时门被轻易打开后，专家
们发现里边有一个男婴。乍一看，
很像地球人，他呼吸缓慢，像是在
熟睡。随后，他们将孩子与球体
一起运到伏龙芝研究中心。

埃马托夫上校后来对新闻记者
说："种种迹象表明，那是一个外
星婴儿，是一架出事的宇宙飞船在
危急时刻释放在空间的。那个球体
十分平稳地着陆了。我们完全有把
握说，这个球体是一个宇航急救系

统。孩子没有受伤。"

照料婴孩的一位医
务人员说："说真的，
那孩子很像我们地球的
婴儿，是活生生的人。
所不同的是，他的手指
和脚趾之间有蹼，这说
明他曾在水中生活过很长时间。另
一个不同点，是他的眼睛呈奇怪的
紫色。X光透视结果表明，他的肌
体结构与我们人一样，只是心脏特
别大。他的大脑活动比我们成人还
频繁，很可能他有心灵感应和图像

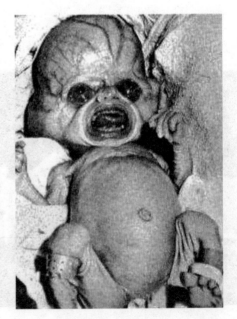

遥感的特异现象。"

有8个护士参加了护理这个外星婴儿的工作。其中一个介绍说："这个婴儿可能有一岁的样子，体长0.66米，体重11.5千克。他没有头发，没有眉毛和睫毛，好像没长眼皮。他睡觉时，眼睛也是睁着的。他不哭也不笑，但很聪明，在给他换衣报时，他配合得很好。他最感兴趣的是一个由闪光铝片制成的机械玩具，也许是因为它像他们所乘的飞船一样发亮吧。"

很可惜的是，这个外星婴儿先是在伏龙芝医学研究所，然后在阿拉木图儿童医院生活了近一年之后，突然发病死去。

1984年5月14日，苏联太空实验室"礼炮六号"上的两名宇航员在华利雅诺与沙文尼克，在太空中也亲眼看见了乘银色圆球而来的3位外星同类。这是3位不肯透露姓名的航天工程师泄露出来的。

据说那天，两个宇航员突然发现有一个体积约比"礼炮六号"小一半的银光闪闪的圆球体进入太空实验室的运行轨道中，并列航行。

星人竖起了大姆指致意。对方也作出同样动作回礼。

苏联宇航员为同外星人沟通，便使用闪光灯发出摩尔斯电码，但未获回应，又改用摩尔斯电码发出"数字讯号"，这次却收到相同的数码讯号回应。后来用数学分析，该组数码讯号竟是一些复杂的方程式。

在以后的两天里，3个外星人曾离开圆形物体在太空中多次漫步，既没穿宇航服，也无任何供呼吸的装备。载有外星人的银色圆球在与"礼炮六号"并排航行4天后，才终于离开，消失在茫茫宇宙之中。

1987年11月，苏联科学家声称，他们在苏联戈壁大沙漠发现了一个直径22.87米的不明飞行物

当时，彼此相隔1000米左右。第二天，银圆球突然运行到距"礼炮六号"仅100米处。两个宇航员借助望远镜发现该球体共有24个窗口及3个较大的圆孔。从这3个圆孔中，他们惊诧地看见了3人浓眉大眼，鼻梁挺直，皮肤呈棕黄色，眼睛约有地球人两倍那么大的外星人。外星人面部无任何表情。当两者彼此靠近仅有3米之距时，苏联人拿出自己的导航图展示给外星人看。外星人也展示了自己的导航图，虽然文字上看不懂，但上面竟也绘有我们的太阳系。其中一个苏联人向外

体，这是一个碟状的飞行器具，里面发现了14具外星人的尸体。经检查，此飞行物至少坠毁了1000年。

苏联科学家杜朗诺克博士在南斯拉夫的一次讲学中谈到此事时说："这不仅证明外星人早已存在，而且说明了超级技术已存在10多个世纪，而外星人对地球的兴趣至少有1000年了。"他透露说，苏联科学家在例行对戈壁大沙漠的调查研究时，发现了这艘半埋在沙漠内的不明飞行物。检查后发现，此物体良好，工完整无缺，包括引擎在内。外星人的尸体，受到沙漠酷热的蒸发，已成为干尸了，但也是完好无损。后来，他们被秘密送往明斯克附近的一个国家研究中心。

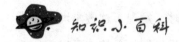

摩尔斯电码

摩尔斯电码是一种时通时断的信号代码，这种信号代码通过不同的排列顺序来表达不同的英文字母、数字和标点符号等。它是由美国人1835年艾尔菲德·维尔发明的，当时他正在协助Samuel Morse进行摩尔斯电报机的发明。最早的摩尔斯电码是一些表示数字的点和划。数字对应单词，需要查找一本代码表才能知道每个词对应的数。用一个电键可以敲击出点、划以及中间的停顿。

这种代码可以用一种音调平稳时断时续的无线电信号来传送，通常被称做连续波（Continuous Wave），缩写为CW。它可以是电报电线里的电子脉冲，也可以是一种机械的或视觉的信号（比如闪光）。一般来说，任何一种能把书面字元用可变长度的信号表示的编码方式都可以称为摩尔斯电码。但现在这一术语只用来特指两种表示英语字母和符号的摩尔斯电码：美式摩尔斯电码被使用了在有线电报通信系统；今天还在使用的国际摩尔斯电码则只使用点和划（去掉了停顿）。

作为一种信息编码标准，摩尔斯电码拥有其他编码方案无法超越的长久的生命。摩尔斯电码在海事通讯中被作为国际标准一直使用到1999年。1997年，当法国海军停止使用摩尔斯电码时，发送的最后一条消息是："所有人注意，这是我们在永远沉寂之前最后的一声呐喊！"

破解"绑架"谜团

美国不明飞行物研究中心公布了一份材料，说曾有2000多万地球人声称自己曾被外星人劫持。这到底是怎么回事？是大家的神经都出了毛病，还是确有其事？科学家们似乎从中悟出了一些东西。

美国医学博士约翰·迈克说，他40多年来一直在搜集有关地球人被外星人劫持的证据，但并没发现这些被劫持人有任何心理失常情况，因此他本人并不认为有关同古怪生物遭遇的传闻是一种骗局，更不是什么梦幻和想入非非的结果。

博士的"病人"从2岁到60岁的都有。他们在神志完全清楚或被

能动弹，还伴随着一种莫名的恐惧。到过"飞船"的人身上还会出现斑疹、擦伤、莫名其妙出现的伤口以及鼻子和肛门出血的痕迹。在劫持过程中还有很典型的一幕：外星人在往地球人鼻子里塞移植物。

催眠的状态下叙述自己如何让外星人劫持，并被送到他们从未见识过的飞船上的经过。他们认为有时头脑变得模糊完全是外星人捣的鬼，这些外星人似乎会从外面断开地球人的意识。可他们还清楚记得好像在空中翱翔来着，飞着穿透墙壁，最后来到一个所在，在里面有人给他们动外科手术。他们到死也还记得当时耳朵里面在嗡嗡响，全身都在颤抖，身子麻木而不

◆ **"不明飞行物"来自地球内部**

美国康涅狄格大学心理学教授肯涅特·林格对此有他自己的看法。他说："早就知道地球内部和大气层的自然过程常产生非同寻常的辉光，至少是球状闪电。"辉光有时出现在海面上，也出现在火山

喷发的时候。而当发生地震时，震前、震后和正在震动过程中都会出现"火光"。这些"火光"还会出现在高压输电线、无线电天线杆附近以及单独的楼房、公路和铁路一旁。北极光则喜欢光顾采石场、山峦、矿山和洞穴。它们的能源来自大地构造张力。人们经常把这些不知来自何处的火光当成了不明飞行物。统计表明，有些地区的地震显然同有人看到的"外星飞船"有一定的联系。

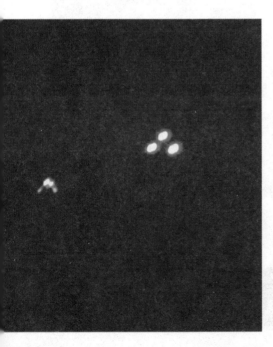

加拿大心理学教授迈克尔·佩森杰尔则认为，自然地质过程所产生的"地火"本来就是一种与地壳力学变形有联系的能的变换形式，除了光以外，它还具备电、磁、声音和化学性能。

林格还说，大多数不明飞行物现象都能产生将全部光谱和色谱囊括在其中的相当大的电磁场，也能产生对生物极其危险的电离辐射，甚至还能产生能对照明系统和点火系统施加影响的磁场成分。所以有很多人都说，他们只要看到不明飞行物，汽车就再也开不动。

◆ **对颞叶的刺激会使人产生幻觉**

如果人距离有辉光出现的磁场相当远，他就看不见这种胡乱移动、乍看根本无法解释的异光。如果人能再走近一些，或光本身向人靠拢，那人便进入磁场范围，并受其影响。一开始是皮肤有刺痛感，起鸡皮疙瘩，头发颤动，和出现一

些神经紧张的症状。如果在磁场里待的时间更长一些，便可能出现肉体和精神上的更强烈反应，因为大脑近距离内受到了磁场的作用。正如林格指出的，特别是大脑的颞叶对类似的作用尤为敏感，极易唤起奇奇怪怪的幻想。

神经心理学家早就知道，对颞叶的刺激，尤其是对脑边缘系统两个构造——河马和扁桃体的刺激能产生强烈的幻觉，使人觉得跟真的一样，总觉得有什么东西在跟前的感觉，像是在翱翔或转圈，看到的是幻影，感觉到的是记忆缺失和时间中断。伴随有奇异辉光的磁场对人作用的结果就会产生这种刺激，于是人在这种情况下倾向于相信有不明飞行物存在。再说，被劫持者和大多数正常人还不一样，他们的颞叶都特兴奋，结果他们特别容易接受暗示，并具有丰富的想象力。

◆ 为什么会看到外星人？

在人类史上，因所属时代的偏见和技术局限，不明飞行物在目击者的叙述中不断变换其形状。比如说，中世纪把这种无法解释的天体现象当成"从太空掠过的龙"，把想象中的生物看成天使或魔鬼。

"外星飞船"的说法出现在20世纪40年代末，当时核时代已经开始，与此同时还兴起了科幻小说这一新的文学体裁。作家和导演在竞相用他们的小说和电影向读者和观众灌输自己的种种幻想，结果他们虚构出来的那些东西也就成了读者和观众所有。因此，被劫持者所叙述的故事主要还是科幻小说和电影情节的复述。然而，电磁辐射已经深深地进入颞叶，所以人们未能区分虚构与现实，还坚信自己确确实实和外星人有过交往。

至于说到那些肉体感受，科学家认为那是肉体对电磁辐射的自然反应。比如，在一个人身上则可能表现为肌肉收缩，皮肤有炎症，而且还相当疼痛，让人一辈子也忘不了。于是人们没事便瞎猜：我这到底是怎么回事呢？结果，种种臆想与杜撰便应运而生。

研究者做过研究，刺激大脑某个功能区，即可产生见到"外星人"的幻觉。

◆ 国内专家观点

学者方舟子认为，所谓的"外星人绑架案"无非是两种情形：梦幻和撒谎。对于第一种情形，国外

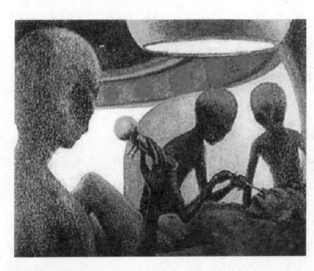

院士何祚庥认为：如果说真的有飞碟和外星人光临过地球，那为什么在地球上至今找不到非常确定的外星人的痕迹，也找不到任何曾经真正亲眼所见的证人。至于那些有关于的故事，只是人们的想象而已。

院士王绶认为：生命的电磁波是非常

微弱的，但如果外星人真的存在，那么作为一种有高等智慧的生命，他们一定会创造出来一些具备高科技含量的东西。可是，他动用了30多台望远镜工作了30多年，试图确定宇宙中相关的电磁波，但至今都没有任何发现。

地球的年龄是46亿年，而人

类在几百万年前才开始出现。地球和外星球的距离那么遥远，很难想象，外星人坐着，用几千年，甚至上亿年飞到地球，这时恰巧人类出现了，并且正好是处于现代文明。

还有学者司马南认为：瑞士著名心理学家荣格先生有一本专讲这个问题的书——《来自天空的神话》，书中点出了那些对UFO狂热痴迷的人的问题症结所在，荣格先生指出这是人的一种精神现象，那个不明飞行物不在天上，而是在人们的心里。

司马南非常赞同这种观点，他说他所认识的那些的痴迷者在精神上的偏门追求与快感获取确实异于常人。虽然他从不怀疑

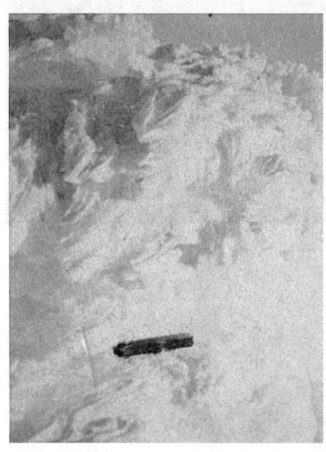

UFO爱好者的真诚和感情，但是到现在为止还没有证据证明UFO的客观存在，这也是事实。其根本原因就是那些痴迷者所提供的所谓证据都不具备证据资格，根本就缺少科学证据所必须具备的可检验性、可重复性。所以，言语生动的主观臆想、含糊其词的个人经验、花里胡哨的大量材料，都无法得到科学家的认同。